樹は語る

芽生え・熊棚・空飛ぶ果実

清和研二

築地書館

目次

序章
もの言わぬ樹々…11　樹のきもち…12
知らないことの無慈悲さ…14　樹は語る…16
生育場所ごとに——本書の構成…18

第1章　水辺に生きる…21
ハルニレ——春楡
おおらかな樹形…24　開拓の目標…26

美しい季節に舞う…26　うごめく蛾の幼虫…28
河畔の一斉林…33　山腹に孤立する大木…35
いつ発芽するかは親木が決める…38　巨木は川辺になく都会にあり…41

イヌコリヤナギ――犬行李柳

山間地の風景…42　華やかな開花…44
お母さんのがんばり…46　瞬きする間もない種子の出現…50
綿毛は道先案内人…50　小さな種子でも素早く成長…55

オニグルミ――鬼胡桃

のびのびと育つ…56　雌花の後に雄花が咲く木と、雄花の後に雌花が咲く木…59
雌雄異株への途上か…64　種子を散布する者たち…66
早起きは三文の得――種子が小さくても挽回できる…69
鈍く光りはじめた箪笥…72

第2章　明るい撹乱跡地でひたむきに生きる…75

シラカンバ――白樺

水色の空と白い幹…78　科学的な天然林施業の第一歩…80

受粉のためにに群れる…81　風に乗って旅立つべらぼうな数の種子…83

明るいところだけで発芽…86　ハンディキャップの克服…88

三つ子の魂百まで――年をとっても自転車操業…91

ケヤマハンノキ――毛山榛の木

傷口の縫合…94　撹乱地を渡り歩く…94

茶花…97　温度センサーが発芽を後押し…99

根粒菌…101　紅葉する気なし…103

川を豊かに…104

第3章　老熟した森で生きる…107

イタヤカエデ——板屋楓

春先に勝負を賭ける…110　秋の光も利用する…112
一斉に葉を開く…113　小さい子から順番に…115
花を咲かせてから葉を開く…117　花の秘密…120
臨機応変…122　たくましい老木…125

ウワミズザクラ——上溝桜

滑稽な花…128　鳥に種子を運んでもらう…130
ジャンゼン－コンネル仮説に気づく…132　親の下では生き延びることができない…134
親から離れてはじめて大きくなれる…136　温帯林も熱帯林と同じ仕組み…138
稚樹の平たい樹冠…139　春出した枝を秋に落とす…140
「もったいない」は森の常識…142　この世の春…142

諦観――森の摂理にあえて逆らわない…145　春の山に浮き立つ…148

トチノキ――栃の木

巨木の群れ…150　巨大な種子…152
三尺玉の花火…154　かなりの頑固者――同じ振る舞いを一生続ける…156
老木の時間…162　奥山の味…162

ミズキ――水木

身近な木…165　湧き出た白い雲…166
赤から黒に熟す果実…166　樹種の置き換わり――多種共存の始まり…169
局所適応…172　真上から降ってくる恐ろしい病気…175
親から離れてギャップを待つ…179　真っ先にスギ林に進入――種多様性回復の先鋒…180
原生林を思い浮かべる…182

ミズナラ――水楢
熊がへし折った枝…184
ドングリは夜運ばれる…187
ドングリにやさしいネズミとそうでないネズミ…190
ドングリが大きくなったワケ…193
株立ちと原発と…196
いざというときのために根に溜めこむ…198
異論――ギャップ種か…201
北の極相種…206

第4章　森の中の隙間で育つ

…209
ホオノキ――朴の木
一〇〇年寝過ごさないように…212
香り渡る大輪の花…216
茜色と朱色の果実…220
元気に萌芽…222
ツルアジサイと友達…224
クリ――栗
尾根に集う…227
熊棚――熊を留め置く…228

白っぽい木…232
蜂も人も喜ぶ遅い開花…235
花粉を選ぶ昆虫たち…235
マルハナバチのおかげ…237
ネズミを使って「ギャップ」に堅果を運ばせる…238
楽天家のクリと忍耐のミズナラ…241
なぜ、野生種のクリは栽培種より小さいのだろう…244
牛小屋の柱…247
巨木のやさしさ…248

おわりに…251
参考文献…255
索引…266

序章

もの言わぬ樹々

原始の香りを湛えた巨木の森が、きわめてわずかだが、まだ日本にも残されている。一歩足を踏み入れると太い老木が空を覆うように聳(そび)え立っている。沢筋のトチノキ、ハルニレなどは直径が一メートルを優に超えている。緩やかな斜面を少し登っていくと、ミズナラやブナ、クリなどの巨木が迎えてくれる。下層に樹々は少なく視界を遮るものはない。広々とした空間に太い幹が神殿のように立っている。

カモシカが立ち止まってクロモジの葉をつまんでいる。ツキノワグマがミズナラの太い枝に登りドングリを食べている。オオアカゲラが立ち枯れたブナに穴を穿(うが)ち長い舌で虫を絡めとっている。

巨木たちは、黙ってさまざまな生き物たちの営みを見守っているかのようである。

樹々は静かに佇んでいるように見える。しかし、毎日のように森に通い観察を続けると生き生きとした普段の姿が少しずつ見えてくる。大きく成長した樹木は、地上二〇メートルの樹冠に花を咲かせている。そこは人間たちの知らない天上の世界である。樹々たちの花は不思議に満ちている。花の形も色も、雄しべや雌しべの配置も、咲くタイミングもさまざまだ。少しでも多くの良質な花粉を虫や風に運ばせ、そして迎え入れようとしている。葉を並べ替え、枝の位置を整え、太陽光の獲得に余念がない。どれもこれも立派な果実が実り健康な種子が一つでも多くできるようにという親木の気持ちが表れている。その気持ちがえも言われぬ美しさを醸し出している。

樹々はものを言わない。しかし、何かを話したそうにしている。特に果実をたわわに実らせている親木を調べていると、そんな気がすることがある。どうも、樹々は種子を遠くに飛び立たせたがっているようだ。風に乗せて、鳥に食べさせて、ネズミやリスに咥えさせて子供を旅立たせようとしている。しかし、なぜだろう。なぜ、種子は散布されなければならないのだろう。なぜ、子供を遠くに行かせる必要があるのだろう。

樹のきもち

長い間、森に通い続けていると、樹々が日々の想いをそっと教えてくれる。ふっと、そんな気がすることがある。子をもつ親どうし、心配ごとを話してくれる仲になったのかもしれない。やはり、親の想いは樹も人間も同じだ。「子供は無事に生まれてくるのか」「すくすく育つだろうか」「ちゃんと大人になって伴侶と巡り会うことができるだろうか」。心配のタネが尽きない親木たちが口々に語ってくれるのは、「子供たちのためにさまざまな準備をしている」ということだ。

樹木の子供は親から離れたときから天涯孤独である。たいていの野生動物は子供が独り立ちできるまで親が見守っている。タヌキでもイノシシでも子供を大勢連れて家の前の放棄田を横切っている。アカゲラも幼鳥に飛び方を教えていた。バッタリ鉢合わせした母熊は子熊を守ろうとしてすさまじい勢いで威嚇してきた。しかし、樹木の親は種子が散布されたときを境に、子供に手を差し伸べることはできなくなる。無防備な小さい種子や芽生えに立ちはだかる障害は尋常ではない。種子が発芽し芽生えが大きく育って父親や母親になれるのは何十万分の一か何百万分の一、いや樹種によっては何千万分の一かもしれない。だからだろう、親木は少しでも子供が大きくなれるチャンスが増えるような仕掛けを種子の中に埋めこんでいる。小さな種子の中に将来の成功の素を仕込んでいるのである。

種子が「ちゃんと発芽できるところに散布されるように」「芽生えが大きく育つ場所に辿り着けるように」「チャンスが巡ってきたら寝過ごすことなく発芽できるように」。小さな種子には親木の溢れんばかりの気持ちが詰まっている。親の愛情が詰まった小さな缶詰のような種子を何十年も、時に何百年も辛抱強く作り続けるのが樹木の親なのである。

親のもとを飛び出し、発芽した小さな芽生えは、自力で大きくなろうとがんばっている。親にもらったさまざまな仕掛けを使って住みやすい場所に降り立ち、発芽する。しかし、そこには虫やネズミが口を開けて待っている。恐ろしい病原菌もたくさんいる。親がもたせてくれた養分は少ない。一人でどのように生き延びていくのであろうか。芽生えたちの必死な想いを伝えてみたい。一つひとつの樹種によってその生きざまは多様だ。どんながんばりを見せるのか、小さな芽生えの気持ちを代弁してみたい。

知らないことの無慈悲さ

小さな種子が直径一メートルを超えるような巨木になるには気が遠くなるほどの年月がいる。膨大な種子のほんの一握りしか親木になれないが、巨木になれるのは、そのまた数百分の一か数千分の一にも満たないだろう。巨木の存在そのものが奇跡なのだ。それを我々はいとも簡単に伐(き)ってきた。樹々の苦労など少しも知ろうとせず、人間の生活の豊かさだけを求めてきた。しかし、人間は少しも豊かになっていない。伐った巨木を使い捨てにしたからである。その証拠にさまざまな太い広葉樹を利用した文化は、今の日本にはほとんど残っていない。わずかに痕跡を残すだけだ。

日本中の天然林で巨木が抜き伐りされた。同時に、広い面積の天然林を伐り尽くす「皆伐」が行われた。その跡地は放置されることもあったが、多くはスギやヒノキなどの針葉樹が植えられた。しかし、人工林は手入れもされず放置された。その結果、環境を保全する機能を大きく低下させ、林業も大きく停滞した。日本全国の川沿いに見られた水辺林も河川改修でほとんどが消滅し、生き物の少ない単調な風景になってしまった。長く守られてきた先人の遺産である天然林の略奪や木材生産の効率化を目指した生態系の単純化は森林自体を大きく劣化させ、崩壊させつつある。ひいては、人間の生存環境をも脅かしている。このへんの事情は拙著『多種共存の森——一〇〇〇年続く森と林業の恵み』（築地書館、二〇一三年）に詳しい。

このような豊かな森林の消失や劣化を樹々たちはどう見ていたのだろう。身近に押し寄せるチェーンソーの音に、「少しでも長く生きて、たくさんの子孫を残したい」と思いながら伐られていったのは間違いないだろう。「どうせ伐られるなら、分厚い無垢材の柱や家具、建具などになって、木材として長く生きていたい」と思ったかもしれない。しかし人間は、樹々の想いをおもんぱかることもなく無造作に伐り、愛着もなく使い捨てにしてきた。樹々の言葉が人間に届くことはなかったのである。

このような傾向に歯止めがかからないのはなぜだろうといつも考えてきた。もっとも根本的な原因は「樹について何も知らない」ことだ。特に広葉樹のことはその生活（生態）などはもちろん姿形すら知らないものが多い。知らないから相手に共感も愛着もなく無下に伐ることに躊躇しなかったのだ。

三〇年以上も前のことになるが、太いヤチダモの前で営林署（今は森林管理署）の職員が自慢げに説明してくれた。「中はガッポ（空洞）だ。鉈で叩けばわかる」。その後、叩いた木の脇に生えている芽生えを指し「この芽生えは何だ」と質問してきた。それはヤチダモだった。立っている木が高く売れるかどうかはわかるが次世代の更新には考えが及んでいなかったのである。その頃の林業者の知識はスギやヒノキ、アカマツ、カラマツなどの造林木に偏っていた。種子の採取から育苗、造林、そして伐採、搬出、その後の製材、製品化、流通などに詳しい人はいっぱいいた。しかし、広葉樹の生態や天然林の機能について知る人はきわめて少なかった。今でもあまり変わっていないだろう。多分、「知らないこと」が無慈悲な伐採と不合理な単純林化を進めてきたもっとも大きな、そして根本的な要因なのであろう。

樹は語る

今、森を再生しようとする動きがある。単純化し劣化した林を本来の多様な森に戻そう、水辺林をもう一度蘇らせようというものである。このような試みは世界中で始まっている。そのためには、どこから種が飛んでくるのか、どのような場所で種子が発芽し芽生えが大きくなるのか、を知らなければならない。どうしたら、水や空気をきれいにし、洪水や渇水を防ぐといった、いわゆる「生態系機能」を取り戻すことができるのか。生態系機能を維持することと末永く木材を収穫することは両立するのか。さらに多くの野生の生き物と共存していけるのか。それらをすべて満たす答えを出すために世界中で試行錯誤が始まっている。この目標を達成するには数十年、数百年かかる。しかし、今から始めないと、いつになっても生態系機能の高い「多種共存の森」、すなわち巨木の森は戻ってこない。そのためにもまずは、「樹のことをよく知る」ことから始めなければならない。

本書は、「成熟した森における樹々の日々の生活をよく知ることが、ひいては森を再生し樹々の命に敬意を払うことに繋がる」と念じて書いたものである。樹々の日々の生活を知り、樹の気持ちに共感してはじめて、人間の生活も豊かになるのである。樹々がいかに苦労して生き残り、大きくなろうとしているのかを、もの言わぬ樹々に代わってお伝えしたい。もちろんそれだけではない。樹々の日々の生活それ自体が汲めども尽きぬ興味に満ちている。もの言わぬ樹々の語る「言葉」に耳を澄ませてみたい。

生育場所ごとに――本書の構成

この本は、日本の落葉広葉樹林で普通に見られる一二種の樹木の「日常の生活」を絵で写しとったものである。花が咲き果実が成熟し、種子が散布され発芽し、芽生えが大きくなっていく過程を描いた。樹木の「繁殖生態」とか「生活史」とでもいえば学問的に聞こえるが、人間でいえば結婚から赤ん坊の誕生、そして子供が小学校に入り成人するまでをスケッチしたものだ。奥地林で出会った老樹の姿も描いてみた。

本書は一二種の樹木を四つの「ハビタット」に分けて記述した。ハビタットとは樹木の「生育場所」「生活場所」のことである。樹木が好んで生育する場所といってもよい。必ずしも最適な生育場所ではなく、押しやられてそこにいる場合もあるが、いずれにしてもある種の樹木が「普通に見られるような場所」のことである。四つのハビタットとは「水辺林」「大きな攪乱地」「老熟した森林」「小さなギャップ」である。「水辺林」に生育する樹木は洪水など河川特有の頻繁な攪乱に依存して更新する。水分の多い水辺環境に特に適応した樹種である。「大きな攪乱地」に侵入する樹種は、山火事や地すべりなど大きな攪乱の後に更新する。森林の植生遷移の初期段階に見られるのでパイオニア種とか遷移初期種と呼ばれる。同種で一斉林を作りやすい。しかし、しだいに耐陰性の高い遷移後期種に置き換わっていき、「老熟して安定した森林」になっていく。そこで更新する樹木は暗い森の中でも更新できる比較的耐陰性の高い樹種である。植生遷移の後期に更新してくるので遷移後期種とか極相種と呼ばれる。さらに、成熟した森林では老木が枯れたり倒れたりし、森の中にぽっかり空いた明るい隙間、「ギャップ」ができることがある。ギャップができてはじめて更新する樹木もある。

しかし、森の中で実際に観察していると、特定のハビタットだけに見られるようなものは少ない。広く複数のハビタットにまたがって生育している樹木のほうが多い。本書では、主として見られる生育場所で分けた。それもあまり人の手の入っていない老熟林や自然河川の観察結果から判断した。普段、読者がよく分け入る里山とはかなりイメージが違うかもしれないのでご容赦願いたい。本書では、なるべく成熟した自然本来の姿をお伝えしたい。

先述したとおり、本書は私が自分の目で見てきた樹木の普段の生活、つまり生態的な特徴を「図譜」にしてまとめたものである。北海道林業試験場や東北大学大学院農学研究科の生物共生科学研究室（分野）で研究したものを主体に書いた。もちろん林業試験場で研究室の先輩を手伝ったり、教えていただいたりした際の知見も多く含まれている。大学では多くの学生さんや同僚たちと一緒に研究したものである。本書では、ハビタットで樹種を分けてあるが、好きな樹からページをめくっていただきたい。

第1章 水辺に生きる

日本の山地には渓流がいたるところに見られる。勢いよく山を下り、しだいに合流し沖積平野に入り太い川になっていく。そして、ゆったりとくねって海に注いでいる。また、大小さまざまな湖や池沼が多く見られる。そんな「川」や「沼」などのほとりには水辺を好んで生育する樹木が「水辺林」を形成している。同じ水辺林でも山地の狭くて急勾配の渓流沿いの林は「渓畔林」と呼ばれ、沖積平野などをゆったり流れる川沿いの林は「河畔林」と区別されることもある。

川は雪解けや梅雨の長雨、そして台風に伴う豪雨などによって氾濫を繰り返し水辺は攪乱される。水辺林は絶えず洪水にさらされ大きな攪乱を受け、樹木たちは根こそぎ持っていかれることがある。その跡には砂や泥が堆積し種子が発芽するには格好の場所が提供される。このような氾濫に依存して更新する樹木がいる。水辺林を生育場所とする樹種である。彼らは生涯水辺に住むだけでなく、次世代も、またその次の世代も水辺で暮らす、水辺環境に適応した樹木である。頻繁に起こる小規模な攪乱に依存するヤナギ類からめったにない大洪水に依存するハルニレまで、大小さまざまな氾濫に依存して更新している。ここではハルニレ、イヌコリヤナギ、オニグルミの三種の生活をのぞいてみよう。

ハルニレ──春楡

おおらかな樹形

北海道の広い平原には大きなハルニレがよく見られる。その中でも孤立した木は優美な半球形の樹冠を見せる（図1－1）。同じニレ科のケヤキも似たような半球形だが、ケヤキのほうがすっきりした幾何学的な堅さを感じさせる。ハルニレはどちらかというと太い枝を空いっぱいに広げ、素朴でおおらかな雰囲気を醸し出している。それも巨木になればなるほど樹冠も広く、下で昼寝がしたくなるような木である。

だから世界中で愛され、広い公園などでよく見られるのだろう。特に北海道大学の植物園は世界有数の素敵な昼寝場所である。

図1−1　ハルニレの巨木
北海道大学構内から北大植物園にかけての低地帯には、開拓以前の原始の森を偲ばせる巨木が残っている。とりわけハルニレが多く、特に孤立した木はゆったりとした半球形の樹冠を広げている。優美な樹冠は鷹揚に広げた太い枝と繊細な小枝から作られている。
そののびやかな美しい姿には天上の神々も見とれたという。北欧では、天地創造の神がハルニレに魂を与えて人類最初の女性にしたといわれている。アイヌ神話でもハルニレは絶世の美女で、あまりの美しい姿に天上の雷神が落ちて結婚したのだそうだ。

開拓の目標

ハルニレは北海道で多く見られる。特に未開の河川が残る道東に多い。大雪山（たいせつざん）からオホーツク海まで湧別川（ゆうべつがわ）沿いをクロスカントリースキーで滑り降りると次から次へとハルニレの木に出くわした。ヤナギやハンノキなどが見られる川沿いより一段高い平坦な場所でよく見られる。

しかし、北海道以外ではあまり見られない。神奈川県大和市指定の天然記念物に「ナンジャモンジャの木」という幹周り四メートルもある大木がある。じつはハルニレなのだが、当初何の木かわからなかったのでそう呼ばれたらしい。

ハルニレ林が成立する扇状地は平坦で肥沃なので、田畑を作るのにもっとも適している。一段高いところにあり洪水も少ない。水も引けるのでハルニレの木を目標に開拓したという。もともとハルニレは日本中に分布していたが、どこでも古い開拓時代に伐り尽くされ幻の木になってしまったのだろう。

美しい季節に舞う

ハルニレの開花は早い。雪解け間もない頃に咲きはじめる（図1－2）。

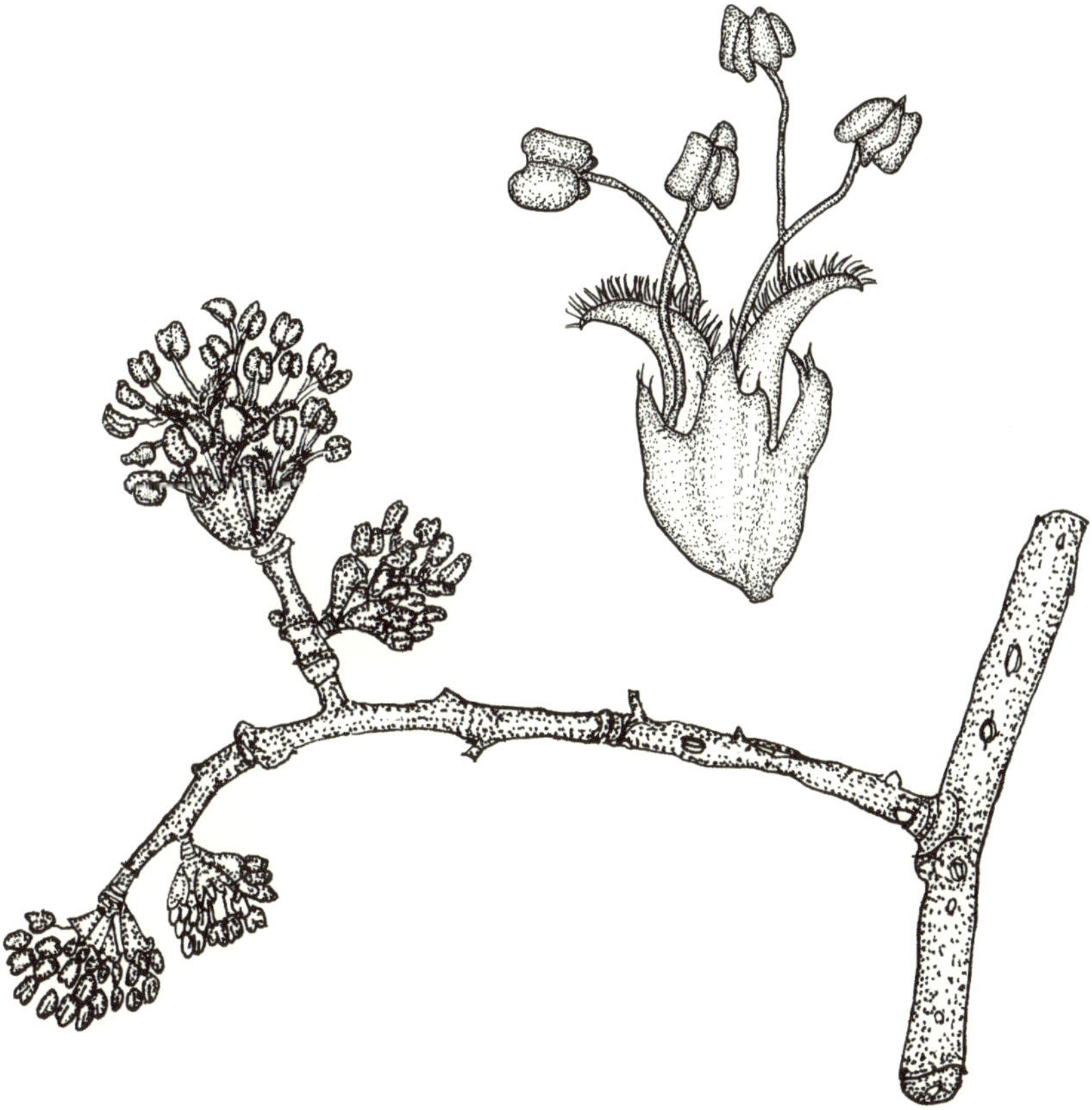

図1-2　ハルニレの花

ハルニレの花は花びら（花弁）をもたないので、よほど注意しないと見過ごしてしまう。花をのぞくと、ちょうど雌しべ（雌蕊）の柱頭が両側に開いている。花粉を受け取ろうとしているのである。その周囲に、赤紫の葯をもつ雄しべ（雄蕊）が4本集まっている。たったこれだけのとても小さな両性花である。

このような小さな花が7～25個ほど集まって直径1 cmにも満たない小さな丸い花序（花の集合体）を作っている。花序が枝先にまとまって一度に咲きはじめると春の空が少し薄紫色に見えてくる。寒気が和らいでくる頃に咲きだすハルニレの花を見ると、やっと春が来たことを感じる。

花をのぞくと、雌しべ（雌蕊）の柱頭が両側に開いて花粉を受け取る準備ができている。しかし、雄しべ（雄蕊）の葯はまだ固く締まっていて花粉を飛ばす気配がない。まず雌しべが成熟し、時間をずらして雄しべが成熟する。「雌性先熟」といわれ、自分の花粉（自家花粉）による受粉（自家受粉）を避けるための行動である。健康な子供（種子）を作るための一つの知恵である。

花が咲いてから果実が成熟するまではとても早い（図1―3）。丸々と太っていく種子の周囲には薄い和紙のような翼が発達する。翼は最初薄い緑色であるが、散布時期が近づくと急に乾燥して褐色となる。六月の晴れた日、種子は軽くなった翼に伴われ風に乗って遠くに飛んでいく。ハルニレの果実がヒラヒラと舞い飛ぶ頃、北海道はもっとも美しい季節を迎える。晴れた日には学生たちはニレの大木の下で酒盛りを始める。そこらじゅうに舞い落ちる果実がおいしそうに見えるのか、大量に拾ってジンギスカン鍋に入れる学生もいた。ヌルッとしておいしいものではないが、かといってまずいというほどのものでもない。モンゴル人の留学生はこの種子を見て「これは食べます」と言っていた。向こうにも同じニレが分布している。

うごめく蛾の幼虫

北海道林業試験場の道東支場構内を流れるパンケ新得川沿いには太いハルニレが見られる河畔林

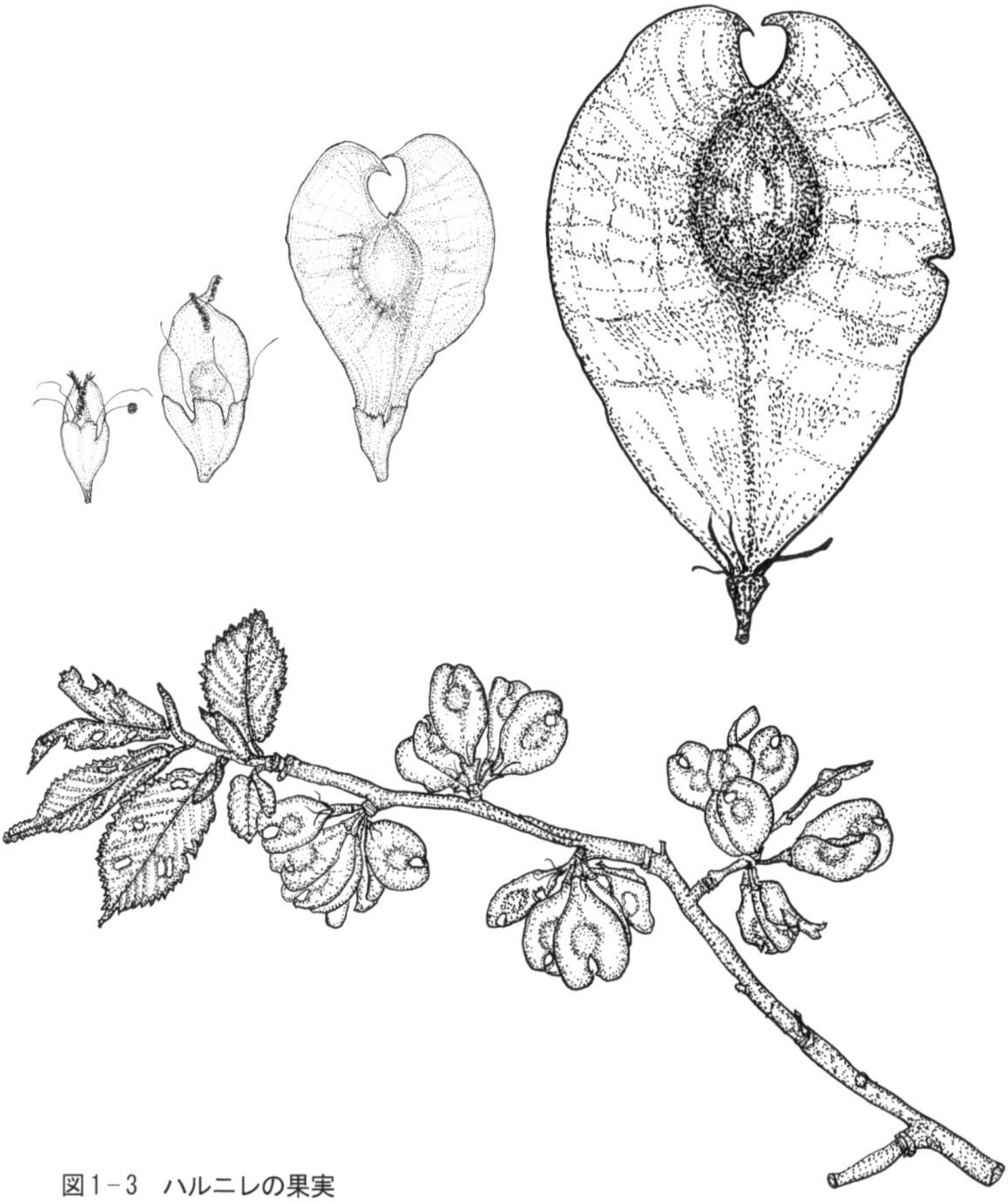

図1－3　ハルニレの果実

果実の成熟は早い。花が咲いてからほぼ１ヶ月で急激に大きくなる。

最初はまるで薄緑色の葉が広がるように大きくなる。しだいに果実の真ん中の種子が丸く膨らんでくる。同時に周囲の薄い和紙のような翼も広がってくる。翼果（よくか）と呼ばれる。

翼果は卵を逆さにしたような「倒卵形」で先端が凹（へこ）んでいる。この凹みは最初、外側を向いていた雌しべの柱頭部分にあたるところである。果実の成熟とともに内側に凹んでしまったのである。幅１㎝ほどの果実は翼を乾燥させ、少し軽くなってから飛んでいく。

がある。仕事机の前方五〇メートルほどのところに広々とした樹冠が見えた。誘われるようにハルニレの研究を始めた。まず、散布された種子を毎週回収して中身を吟味することにした。一メートル四方の木枠にネットを張った種子トラップを広い林内のあちこちに設置した。最初は小さなシイナ(受粉に失敗し胚が未発達で中身が空っぽのもの)が落ちてきたが、しだいに食害された種子が増えてきた。回収した種子を新聞の上に広げると大小の蛾の幼虫があちこちでうごめいていた。

隣で見ていた昆虫分類学者の原秀穂さんが興味をもち、どんな種類の昆虫なのか調べはじめた。幼虫の同定は難しいので葉を与えて成虫まで飼育した。その中にはエゾノミゾウムシという面白い生態をもつものがいた。この虫は種子の中に潜り種子一つで発育を完了するのであった。他はすべて枝を移動しながら次々と種子を食べるもので、一九種もの蛾の幼虫を確認した。そのうちの一六種は葉を食べる食葉性の昆虫である。ハルニレは種子が成熟し散布された後になってやっと葉を開く(図1－4)。葉を食べようにも葉が開いていないので種子を食べているのだろう。周囲にも春に種子を実らせるのはヤナギしかなく、その上、ヤナギの種子は堅い殻に守られているので食べづらい。したがって、柔らかく栄養豊富なハルニレの種子に多くの食葉性昆虫が集まってくるのだろう。

一九種のうち三種は花や種子を専門に食害する蛾であった。特にオオモンキリガが大発生するとその年の食害率が九九パーセントにもなり、健全な種子の数が大きく減少した(図1－5)。三年

図1－4　ハルニレの葉と冬芽

ハルニレの葉は触るとすぐにわかる。ザラザラした感じがする。葉の縁は大きく波打ち、ノコギリの葉のような「鋸歯」が見られる。さらによく見ると１つの大きな「鋸歯」の中に小さな鋸歯が入れ子状に見られる。いわゆる「重鋸歯」といわれるものである。冬芽は小さくあまり目立たない。

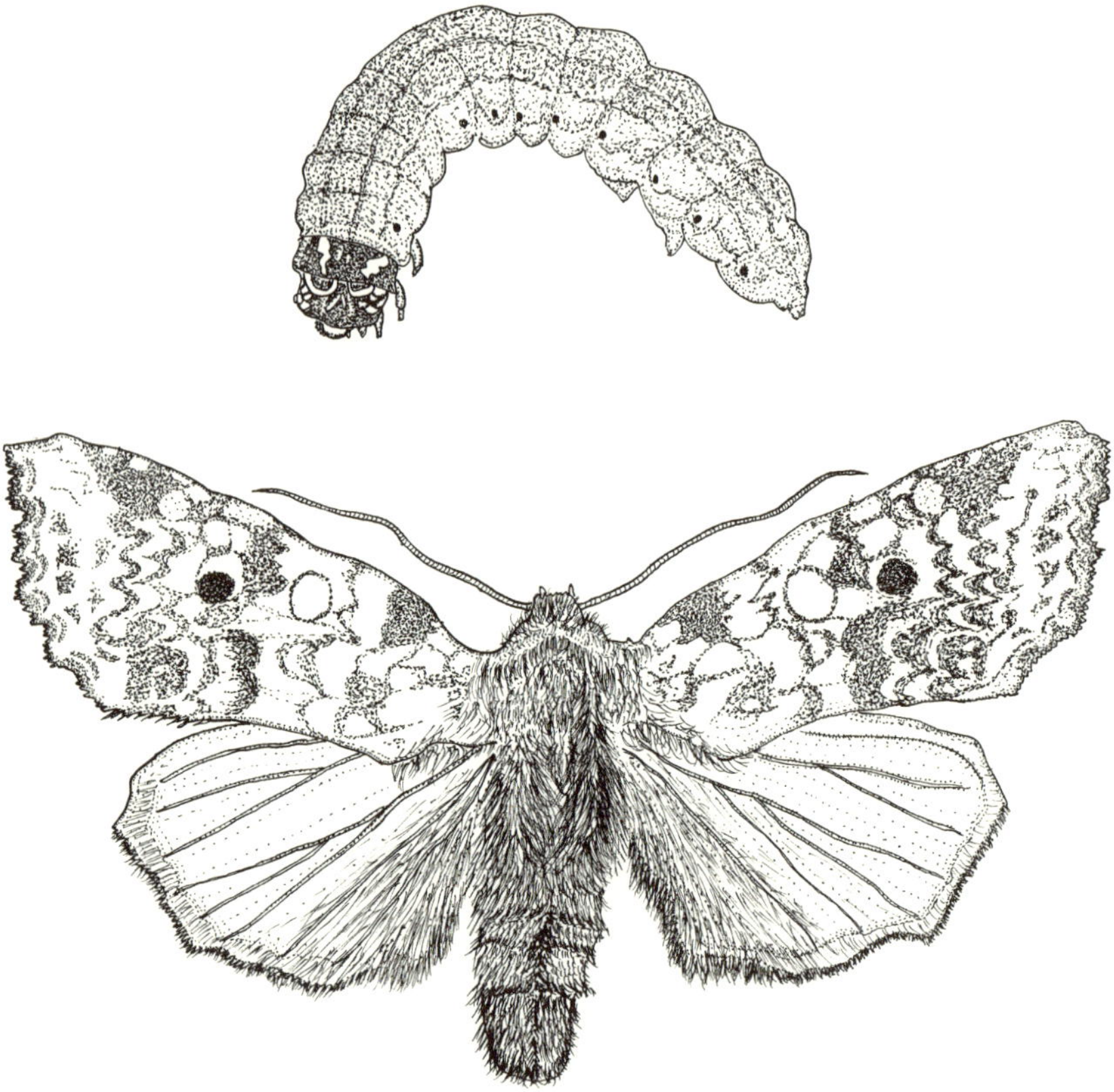

図1－5　ハルニレの種子を食べるオオモンキリガの幼虫と雌の成虫
ハルニレの花や種子を食害する蛾は多い。枝を移動しながら次々と種子を食べる。その中でも、オオモンキリガが大発生するとその年の種子の食害率が極端に高くなり、健全な種子の散布量が大きく減った。ハルニレの種子の豊凶はオオモンキリガの個体数の変動に大きく左右されているようである。

間調べてみると毎年九〇パーセント以上がさまざまな昆虫に食害されていたが、オオモンキリガなど特定の数種の蛾の個体数の変動が健全な種子の豊凶を招いているようであった。もう数年調べればはっきりしたことがわかっただろう。

河畔の一斉林

種子は虫たちに食べ尽くされているように見えるが、トラップには健全な種子もかなり残っていた。毎年一平方メートル当たり一〇個から多い年では七八個も散布されていた。うまく風に乗って洪水の跡地に辿り着けばハルニレ林ができるくらいの量である。

ハルニレの種子は明るい場所に落ちるとすぐに発芽する（図1－6）。したがって、大きな洪水によって川沿いの樹々がなぎ倒され大量の土砂が堆積し広い平坦地ができれば、ハルニレが立ち並ぶ林ができるだろう（図1－7）。実際、そうして作られたであろう「ハルニレ林」を、石狩川の下流や宮城県の北の端にある東北大学の複合生態フィールド教育研究センター（以下、フィールドセンター）内を流れる田代川の河畔で見ることができる。パンケ新得川沿いのハルニレ林も河川の氾濫後一斉に更新したものだと考えられる。ただ、石狩川沿いの林と異なりヤチダモやミズナラ、オニグルミなどが後から侵入しどんどん大きくなっているので、いずれ、多くの樹種が混交する林

図1－6　ハルニレの芽生え

ハルニレは初夏に種子を散布する。暗い森の中に落下すると発芽しないで一旦休眠する。しかし、翌春、林冠木の開葉前に発芽する。雪解け直後に本葉を十字に４枚開き、春先の明るい光を利用して光合成をするのである。

一方、川辺の氾濫跡地など明るい場所に散布された種子は着地直後に発芽する。本葉４枚を開いた後、２～３週間はそのままだが、その後も明るい光を浴びながら次々と葉を展開し、大きく伸びていく。

になっていくだろう。

山腹に孤立する大木

ハルニレが見られるのは川沿いだけではない。斜面の上のほうでも見られる。原始の面影を残す北海道富良野の東京大学演習林では渓流からかなり離れた緩斜面の上部に胸高直径（地上から一・三メートルの高さの直径。以下、直径）が一メートル近い大きなハルニレが孤立して立っていた（図1－7）。宮城県と山形、秋田、岩手三県との県境近くにある原生的な自然環境を残す一桧山（いっぴつやま）保護林でも、小さな沢からかなり登ったところに直径が五〇センチを超える大きなハルニレがポツンとお互い離れて立っていた。太いものは八〇センチほどもあり大空に樹冠を広げて聳えていた。いずれも、ミズナラやイタヤカエデなど他の広葉樹に混じって生育していた。ハルニレは河畔に一斉林を作るだけではなく、山腹斜面などでも多くの広葉樹の中に単木で生育している。

このようなハルニレの幅広い生育場所（ハビタット）を裏付けるような資料が残っている。日本の原生林が急激に消滅しようとしていた時代に最後の巨木林の姿を記録してまわった植物学者、舘脇操の報告書である。舘脇の最後の弟子、五十嵐恒夫さんに頂いた『日本森林植生図譜』などの古い印刷物をめくると、見たこともないような豊かな原生林の姿が浮かび上がってくる。そこに記さ

図1−7　３つのハルニレ林

石狩川沿いに見られた一斉林ではハルニレの割合が90％以上を占めた（右上）。パンケ新得川沿いの混交林ではハルニレが半分ほどだった（右下）。いずれも、大きな洪水による土砂の堆積の直後に種子が散布され夏に一斉に発芽してできた林だと考えられる。その後、新得のハルニレ林ではヤチダモ、ミズナラ、オニグルミなどが侵入して混交林になりつつある。一方、富良野の東京大学演習林の緩やかな山腹では、ミズナラ、イタヤカエデなどの太い木に混じって大きなハルニレの巨木が１本だけ見られた（左）。多分、林内に散布された種子が翌春に発芽し、その芽生えが生き延びたものだろう。ギャップなどに遭遇しながら大きくなったものと考えられる。（絵ではハルニレを少し黒っぽく描いてある）

れていたハルニレの姿はやはり多様であった。もちろん、大きな河川や湖畔沿いに直径一メートル近い巨木が林冠（樹木の枝や葉の茂っている部分を樹冠という。林冠とは多くの樹冠が森林の上層で密に重なり合っているところを指す）を占拠する一斉林を作っていた。しかし、低地では、むしろ新得川沿いの林のように、ヤチダモ、オニグルミ、イタヤカエデなど河畔や湿潤なところを好む樹々と混じって生育していることのほうが多い。尾根に延びる谷頭部や斜面では単木的に見られ、カンバ類やミズナラ、針葉樹とも混交する。石狩湾やオホーツク海沿岸の天然の海岸林の内陸側にもカシワやイタヤカエデ、ハリギリなどと混じって生育している。このようにハルニレは川沿いから尾根筋まで、内陸から海岸までじつにさまざまな場所で生育している。なぜ、羊のように群れるだけでなく、一匹狼のような生き方もできるのであろうか。その秘密はハルニレの種子の中に隠されていた。

いつ発芽するかは親木が決める

ちょうどハルニレの種子が散布される六月初め、落葉広葉樹林の林床は一年でもっとも暗い時期を迎える。こんなときに森の中に落ちた種子がすぐに発芽していたら芽生えの生育はおぼつかない。そこでハルニレは一旦休眠し、翌春まだ林冠木の葉が開く前の明るい林床で発芽する。林冠木が開葉し暗くなるまでの一ヶ月半ほどの間、本葉を四枚展開し旺盛に光合成を行うのである。その翌年もその翌々年もハルニレの実生(みしょう)は雪解け直後に開葉する。春早く光合成産物をたくさん獲得することによって発芽後三年過ぎても三分の一は生き延びていた。森の中で発芽した樹木の実生にしては、かなり高い生存率である。ハルニレは毎年のように種子を散布するので林床には毎年そこそこの芽生えが発生し、それらがけっこう長生きするとすれば、暗い林内にハルニレの実生は絶えることがない。そうして長い時間待ち続ければ周囲で木が倒れることもある。ギャップに遭遇したハルニレは明るい林冠の隙間を目指して成長していくであろう。そうすることによってさまざまな樹種と単木的に混じり合い混交林を作っているのであろう。つまり、ハルニレの種子は散布された場所によって発芽時期を変えて広いハビタットでの定着を目指しているのだ。明るい場所ではすぐに発芽し一斉林を作る。一方、暗い森では翌春早く発芽し他の木と混じって生育する。どちらの場所でもがんばって定着しようとしている。

このような行動様式は種子自身が決めているように見えるが、じつは親木が決めているのだ。子供が少しでも生き延びていけるように、親木は種子にある仕組みを用意しているのである。ハルニレの親木は種子の中に「フィトクローム」というタンパク質を仕込んでいる。フィトクロームは明るい場所を感知して発芽のスイッチをONにしたり、暗いところではOFFにして種子の発芽を止めたりする。環境を見て発芽するかどうかの判断を下しているのである。どう判断するのかを少し詳しく見てみよう。森の中が暗いのは林冠木の葉が太陽光を吸収するためである。樹木は光合成をするため四〇〇〜六八〇ナノメートルの波長域の光を利用している。したがって林冠層を透過し林床に差しこむ光の中には赤色光（六五〇〜六八〇ナノメートル）は少ない。しかし、それ以上の長い波長の遠赤色光（七一〇〜七四〇ナノメートル）は利用しないので多く含まれる。つまり林床で種子が受け取る透過光は、遠赤色光に対する赤色光の比率（赤色光／遠赤色光比）が低くなる。このとき種子内のフィトクロームが応答して種子は休眠する。実験的に赤色光／遠赤色光比の低い光にハルニレの種子を晒すと休眠が誘導されて発芽しなくなる。それも長い期間置けば置くほど深く休眠してしまう。一旦休眠してしまうと翌春まで目を覚まさない。しかし、冬、つまり寒さを経験すると種子の休眠は破られ、赤色光を含む明るい光を当てると発芽するようになる。それで雪解け直後の明るい林床で発芽してくるのである。

このようにハルニレの種子は実生が定着しやすい時期を選んで発芽しているのである。川辺ではいつも攪乱が起きているが、ハルニレが好むような大きな攪乱はそうそう頻繁に起きるものではない。ほとんどの種子は毎年のように暗い林内に落ちる。そこでも少しでも生き残ることができるように翌春発芽の仕組みを発達させているのである。ハルニレが河畔の一斉林だけでなく山腹斜面上部で他の樹々と混じりながら混交林も作り上げ、幅広いハビタットをもつことができるのは、親木が少しでも子供が生き延びていけるような仕掛けを種子にもたせた結果、いわば親の配慮の賜物なのである。

巨木は川辺になく都会にあり

ハルニレの巨木に会いたいならば北大構内から北大植物園にかけての札幌の低地帯に行けば確実だ。開拓時代の原始の森を彷彿とさせるハルニレの巨木群がまだ残っている。総じて太く、直径は一メートルを優に超えるものもある。文献を見ると直径一メートル前後のハルニレは少なくとも二〇〇年生以上で、最大だと三七五年生にもなるようだ。都会の真ん中で天然更新したハルニレの老巨木に会えるのは、疲れた現代人にとってはとても幸せなことだ。

一方で、ハルニレは本来の生育場所では追いやられっぱなしだ。日本中の河川で「改修」という「コンクリート化」が進み、ハルニレが更新できる氾濫原は少なくなってしまった。本来のハビタットである河畔やその周囲の山地では、ハルニレの巨木はもちろんその子供たちにも出会うチャンスはほとんどなくなってしまった。

ハルニレにしてみれば、「大都会の真ん中でただ生きながらえるより、自然河川のほとりでのびのびと生きて子孫を増やしたい」と願っているのは間違いのないことだろう。

イヌコリヤナギ――犬行李柳

山間地の風景

イヌコリヤナギは小河川のすぐそばでよく見られる（図2－1）。特に頻繁に氾濫が起きているようなところに多い。近年は山あいの放棄水田の跡にも他のヤナギに混じって密生しているのをよく見かける。家の前の田んぼも七～八年前までは七〇代半ばの元気なおばさんが草刈り機できれいにしていた。「岩手から来て主人と二人で開拓した田んぼだ」と言って、お茶を飲んで昔話をしていった。しかし、膝が痛いといってやめてしまったら三年ほどでイヌコリヤナギやオノエヤナギが侵入してきた。その後ススキやアズマネザサ、ネムノキも侵入し葛（くず）が絡みついて、藪も恐ろしげな表情を示すようになってきた。今はキジやタヌキのたまり場になっている。ときどき、カモシカや

図2−1　放棄水田のイヌコリヤナギ
イヌコリヤナギは背の低い樹である。根元から何本も幹を出して株立ちし、樹全体がこんもりとしている。川沿いに多いが、家の前の放棄水田にもたくさん生えている。高さは2～3ｍくらいで、高いものでも4～5ｍほどである。

熊も通る。最近ではイノシシまで見かけるようになってきた。ケモノたちとの縄張りが曖昧になってきたので家の近くは年に三回は草を刈っているが、少しでもさぼるとケモノたちはあっという間に近づいてくる。

底抜けに明るい話し好きのおばさんも亡くなった。山間地農業の衰退は山村の風景を瞬く間に変えている。

華やかな開花

ヤナギにはメスの木とオスの木がある。植物学では「雌雄異株」と呼んでいる。しかし、人間と違い外観で区別するのは難しい。はっきりと見分けられるのは花が咲いているときだけだ。イヌコリヤナギの花は目立たないが、近くで見ると思いのほか華やかだ。

雄花(おばな)は小さな葯が螺旋状にたくさん集まっている(図2-2)。キツネのシッポのように見えるので「尾状花序」と呼ばれる。よく目を凝らして眺めていると華麗に花が開いていく。まず、花序の上のほうが黄色に染まる。葯が開き花粉を飛ばす。役目を終えた葯は黒っぽく見え、その下の葯はまだ赤い苞(ほう)(花の基部にあり蕾(つぼみ)を包んでいる葉)に包まれ固く閉じている。一つの花序の中で黒、黄、赤の三色が並んでいる。しだいに下の葯が開いていくので三色の帯がそのまま下に移動してい

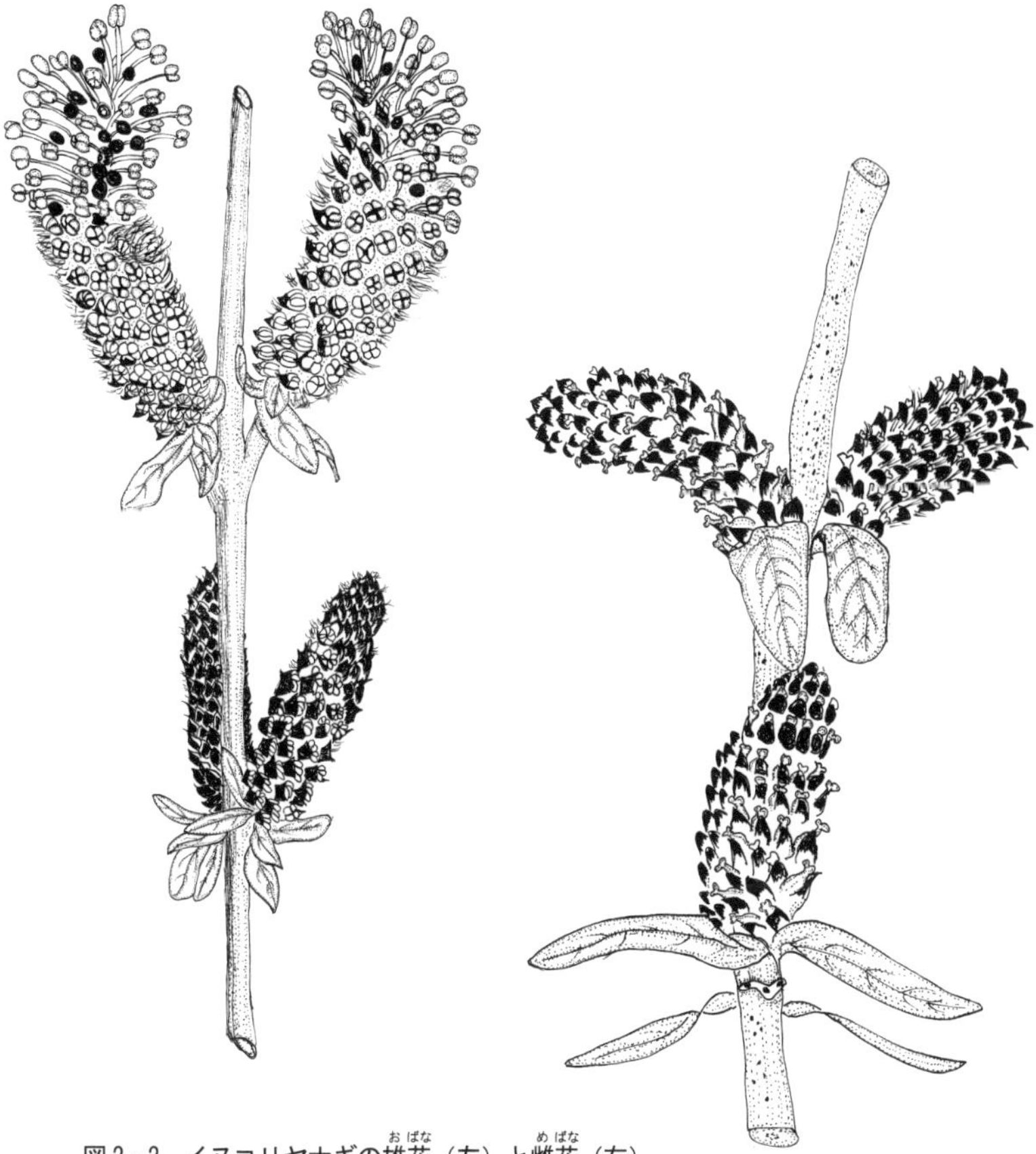

図2−2　イヌコリヤナギの雄花（左）と雌花（右）

ヤナギには雌花だけを咲かせるメスの木と、雌花だけを咲かせるオスの木がある。雄花も雌花もキツネのシッポのような形をしている。開花したオスの花序（左）をよく見ると、小さな葯が螺旋状にたくさん並んでいるのがわかる。小さな葯は１本の花糸に支えられ４つに裂開して、花序のてっぺんから下に向かって咲いていく。葯から出た花粉の黄色が下へ移動していくのがわかる。

メスの花序（右）も、小さな柱頭が螺旋状に並んでいるが、雄花序とは逆に下から上に向かって咲く。最初に下のほうの柱頭が２つに割れて開花し、柱頭の黄緑色が上へと移動していく。

く。見ていて楽しいものである。このようなオスの花序は枝の先端のほうに左右対称に数対見られる。枝の上のほうの花序から咲きはじめ、下のほうに向けて順に咲いていく。枝単位でも三色のグラデーションの移動が見られる。

雌花（めばな）も小さな赤黒い苞に包まれた黄緑色の柱頭が螺旋状に並んでいる。雌花は雄花とは逆に花序の下から上に向かって咲く。開花すると花柱が伸び、柱頭の先端が二つに分かれて花粉を受け取ろうとする。薄黄緑色の花柱や柱頭が前面に出てきて苞が隠れてしまうので、今度は下から上に向かって赤が消え、黄緑が広がっていく。色の移動が見ていてわかるほど速い。個々の花の寿命がとても短いことを示している。

ヤナギの開花の進み具合を見ていると、繊細な色彩の配置や、グラデーションの移動などはネオンサインに似ている。しかしどんなＬＥＤも真似できない柔らかな風合いがある。春には河原に出かけヤナギの花見というのもなかなかの道楽であろう。

花粉を飛ばし終わった雄花序は抜け殻だ。根元からポロッと落ちてしまう。オスの繁殖活動はこれでおしまいだ。しかし、メスはこれから種子を成熟させなければならない。五月初旬には種子を飛ばすので、四月初旬に開花してからたった一ヶ月しかない。

お母さんのがんばり

メスが細い枝にたくさんの果実を実らせている（図2－3）。体が小さいわりにはけっこうな量の果実をつけている。種子を成熟させるためのエネルギー投資は大変そうだ。実際、投資量を調べてみるとオスが花粉を作るよりも数倍かかっていた。多分、多く投資した分メスはオスより成長が劣るだろう。そう考えた東北大学の生物共生科学分野の大学院生の戸澤宗孝くんや上野直人くんはオスとメスの成長量を調べてみた。

ところが予想に反し、小さなメスは小さなオスと、大きなメスは大きなオスと、それぞれ、ほぼ同じくらいの成長をしていた。つまり、メスは種子成熟にたくさんのエネルギーを使っているにもかかわらず、繁殖にあまりエネルギーを使わないオスと同じくらい太っていたのである。河畔林はいつも混み合っている。周囲の樹々に負けないように自分自身も大きくならないと生き残ることができない。メスだからといって容赦してくれないのだ。それにある程度自分も成長しないと、来年の繁殖にまわす養分を溜めこむこともできなくなる。メスは、おなかの子を大きく育てながらも自分も大きくなっているのである。メスは「がんばりや」なのである。では、どんながんばりを見せているのだろう。二人はまた秋田と宮城の県境にある戦沢（いくさざわ）に出かけていった。

オスもメスも春になると去年伸びた一年生の枝の真ん中で穂状の花序をつけるが、その両側には当年生の枝（シュート）が伸び葉を展開する（図2－3）。オスは花粉飛散後に花序を落とすが、メスはその後もたくさんの種子を成熟させなければならない。種子が丸々と成熟するかどうかは、葉の光合成にかかっている。そこで、オスとメスそれぞれの木で一年生枝上の葉を展開するシュートと花序の数を調べてみると、メスのほうがシュートの割合が断然高いのである。さらに、一つひとつの葉の光合成速度もメスのほうがオスよりも速いことがわかった。つまり、メスはオスより生産効率の高い葉を大量にもつことによってたくさんの種子を一気に成熟させているのである。

メスはさらに細かいところまで気をつかっている。花序（果序）の直下には苞葉（ほうよう）という小さな葉があるが、メスのほうがオスより一枚一枚の面積も広い（図2−2）。花序に近いので種子成熟を間近で助けているのだろう。このようにメスの木は、さまざまな方法を駆使して光合成量を増やしている。母親がおなかの子供を大きくするだけでなく、自分も痩せないのはそのためだ。人間のお母さんと似ている。

図2−3　イヌコリヤナギのメスの1年生枝

メスの1年生枝の中央には穂状の果序が見られる。もうすでに種子が成熟し、綿毛が出ている。その両側ではシュートが葉を大量に展開し、果実の成熟を助けている。メスのほうがオスよりもたくさんのシュートを出すばかりか、一枚一枚の葉の光合成能力もオスより高い。このようにしてメスはたくさんの種子を成熟させているだけでなく自分自身もオスに負けずに太っている。
シュートは赤みを帯び細くてしなやかである。葉は枝の両側に対生し、少し丸みを帯びている。新葉は赤く、時間が経っても縁に薄い赤みがさして花のようにきれいである。

瞬きする間もない種子の出現

果序にはたくさんの小さな果実が並んでいる。堅い果皮に覆われ、中は見えない。しかし、中では猛スピードで種子が成熟し、同時に大量の綿毛も準備されている。種子が果皮を割って出現する様子はかなり劇的である（図2－4）。

果実の先が二つに開きはじめると、中から綿毛の束が顔をのぞかせる。上に向かって伸びだし、弾けたように綿毛に包まれた種子が浮き上がってくる。

どうして浮力が出るのかわからないがフワフワ浮いている。弱い風でも舞い上がって飛んでいく。もらってきたばかりの子犬がそれを見て吠えている。不思議な生き物だと思っているようだ。

綿毛は道先案内人

イヌコリヤナギの長さ一ミリほどの小さな種子は綿毛の浮力によって風に乗ってどこまでも飛んでいく（図2－5）。同じ遷移初期種のシラカンバやウダイカンバ、ケヤマハンノキなどのカバノキ科の樹木の種子も薄い翼の力を借りて風まかせで飛んでいく（図4－3、八四ページ・図5－2、九八ページ参照）。これら遷移初期種は〇・一～〇・二ミリグラムほどのとても小さな種子を一本

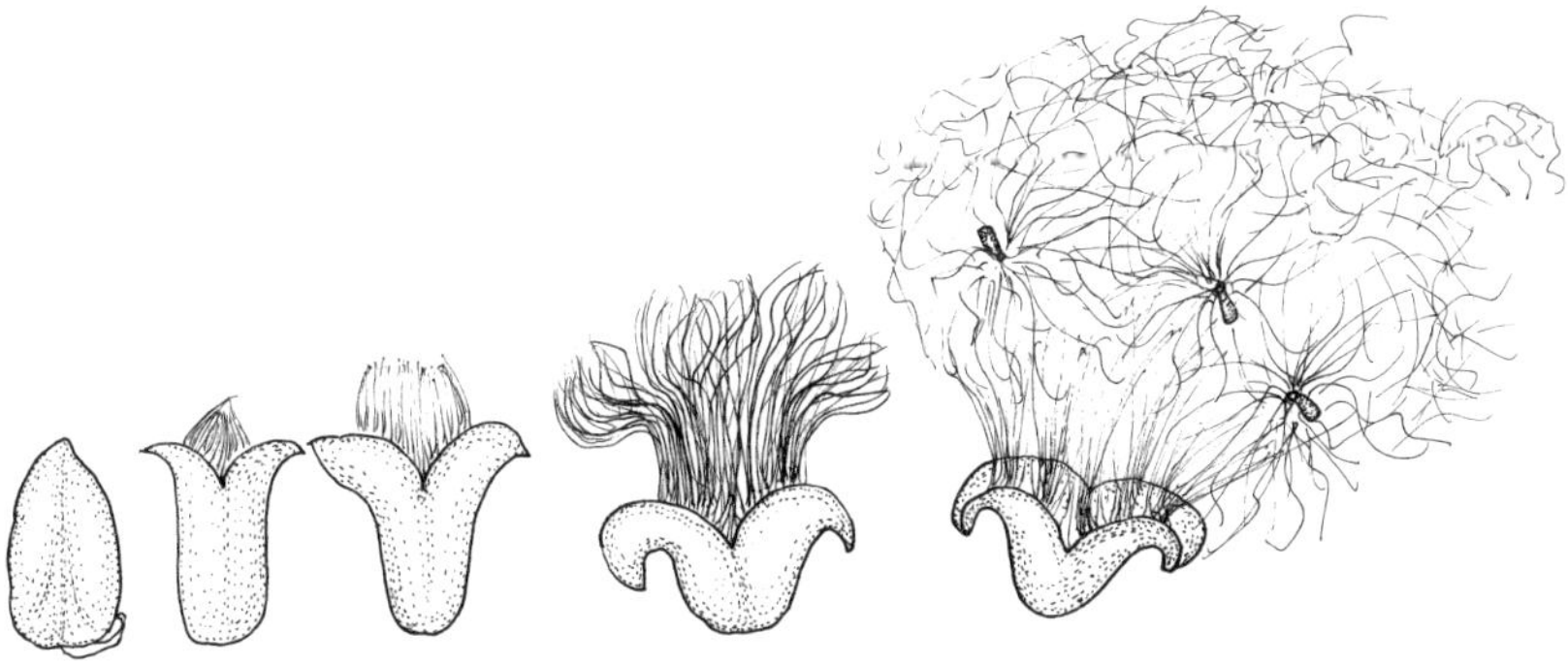

図2-4　イヌコリヤナギの種子の出現

綿毛に囲まれた種子が殻（果皮）から出現する様子は劇的だ。果実の先端が少しずつ口を開きはじめ、開口部は見ているうちにどんどん大きくなる。すると中からびっしりと畳みこまれた綿毛の束が顔をのぞかせる。そして、上に向かってズンズンと伸びだす。黙って見ていると、数十秒も経たないうちに、バネが弾けたように綿毛が伸び上がり、同時に横にもワッと広がる。瞬きする間もなく綿毛に包まれた種子が浮き上がってくる。１つの果実から綿毛に覆われた種子がだいたい３個出てくる。そして１個ずつ分かれて風に乗って飛んでいく。

の木がそれこそ数万、数十万、時に数百万単位で大量にばらまく。四方八方に長距離散布することによって、実生が定着しやすい明るい場所に辿り着く確率を上げようとしている。ヤナギも何となくそう考えられてきた。しかし、ヤナギの綿毛の働きはそれだけではないことがわかってきた。カバノキ科の薄い平たい翼よりももっとすごい働きをするのである。

もし、ヤナギの綿毛が種子を遠くに飛ばすためだけの「装置」だとしたら、多分、ヤナギの芽生えは一つも定着できないだろう。なぜなら、ヤナギは、種子の寿命が数週間しかないので、不適な場所では休眠して待つことができないからだ。カンバ類やハンノキ類はたとえ明るいギャップに到着できなくとも、暗い林冠下で数年以上も休眠したまま明るくなるのを待つことができる。また、乾燥したところでは発芽を休止して雨を待つことができる。しかし、ヤナギの種子は乾燥したところに散布されるとすぐに死んでしまう。湿ったところでなければ発芽できないのだ。

そこで、戸澤くんは「綿毛は種子を遠くに運ぶためだけにあるのではない。湿った場所に確実に辿り着くための装置かもしれない」と考え、まず野外で観察を行った。シャーレの中に乾いた砂、湿った砂、水を別々に入れ、どこに種子がたくさん落ちているのかを調べた。イヌコリヤナギがたくさん生育する渓流沿いに、朝早くシャーレを置いて夜に回収するといったことを三日間繰り返した。すると、湿った砂と水の入ったシャーレにはヤナギの種子がたくさん入っていた。しかし、乾いた砂のシャーレには一つも入っていなかった。多分、乾いた砂に落ちたとしても種子は風によっ

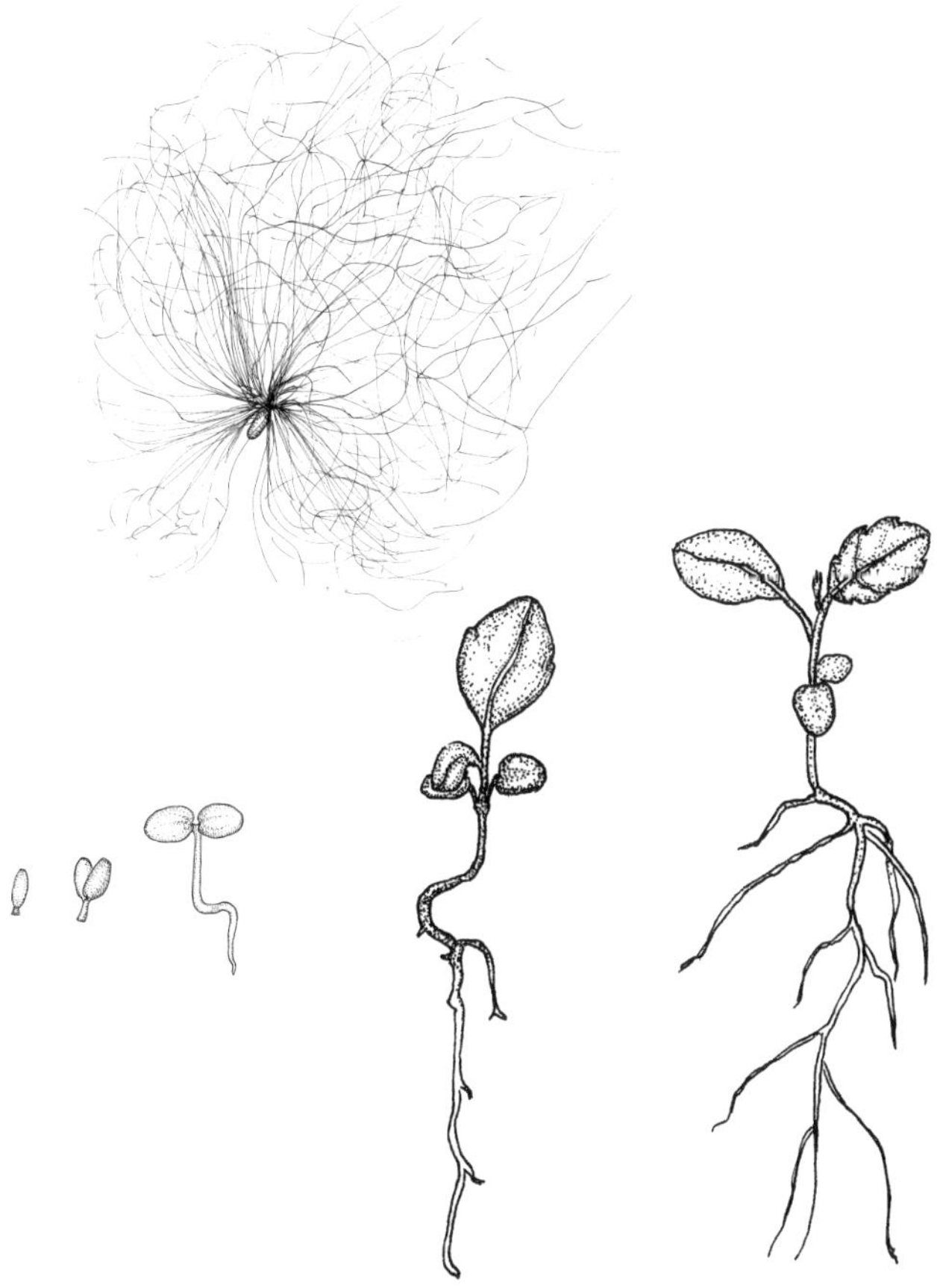

図2－5　綿毛に包まれたイヌコリヤナギの種子と芽生え
イヌコリヤナギの小さな種子は綿毛とともに風に乗ってフワフワと飛んでいく。種子が発芽できない乾燥した砂や土の上に落下すると風に吹かれて通り過ぎる。しかし湿った砂や土にさしかかるとすぐに綿毛は吸水を始め、種子は地面に付着し発芽を始める。水面に散布されると、吸水せずにプカプカと浮き、風を受け岸辺に向かって流されていく。岸辺の砂や土がむき出しの湿ったところに辿り着くと、種子は綿毛から離れ発芽を開始する。
イヌコリヤナギの綿毛は風に乗って種子を遠くに運ぶだけではなく、種子が発芽しやすい「適地」まで種子を連れていってくれる面倒見のよい案内人なのである。

てまた吹き飛ばされてしまったのだろう。これは面白いということで、今度は室内実験をして確かめた。大きな段ボール箱の片側に穴を開け、そこに熟した果序が満載のイヌコリヤナギの枝を置いて、扇風機で風を当て、種子を段ボールの中に吹きこむのである。野外の観察と同じように、箱の下には乾いた砂、湿った砂、水を別々に入れた容器を敷き詰めた。やはり、乾いた砂を入れた容器には一つも種子が見られなかった。イヌコリヤナギの綿毛は、種子が発芽できないような場所はパスするといった役目をもつことが確かめられた。湿った砂を入れた容器にはたくさんの種子が落ちていた。湿った砂の上に散布されると、すぐに綿毛は吸水を始め種子は地面に付着した。綿毛は「湿った場所を逃さないための装置」なのである。また、水面に散布されると、吸水せずにプカプカと浮いた。大半は二日以上浮いていた。五日以上浮いているものも二割ほど見られた。ヤナギ類がフワフワと種子を飛ばしている季節に小川に行くと、綿毛に包まれたヤナギの種子がたくさん川面に浮いているのを見ることができる。しばらく見ていると風を受け岸辺に向かって流されていく。岸辺には砂や土がむき出しになって湿ったところが多く見られる。そこに辿り着いた種子は綿毛から離れ発芽を開始するのである。

ヤナギの綿毛は風に乗って種子を遠くに運ぶことができるが、それだけではない。散布された場所が乾いていたり、川だったりすると、さらに移動する。湿った土壌を発見するまで移動を繰り返しているのである。湿った砂地や土に到達してはじめて移動をやめ、綿毛は吸水し種子をぽろりと湿った地面に落とすのである。綿毛は種子が発芽しやすく芽生えが定着しやすい「適地」まで種子を連れていってくれる、とても大事な道案内役なのである。

小さな種子でも素早く成長

ヤナギの種子は湿った土や砂の上に辿り着くと綿毛から離れすぐに吸水しはじめる（図２－５）。水分を吸うと子葉がすぐに膨らみだす。もともと薄緑色をしているが、緑色がだんだん濃くなり、細い幼根とともに小さな子葉が開きだす。子葉はしだいに大きくなっていく。そしてまもなく小さな本葉を出しはじめる。その後、だんだん大きな葉を出していく。ある程度葉の枚数が増えると一気に上に伸びていく。小さな種子から発芽したシラカンバやケヤマハンノキなどの芽生えと似た成長様式をもつ。ただ、違うのは、とてもそのスピードが速いということだ。シラカンバやケヤマハンノキなどは発芽してから三ヶ月もの間少しずつ葉を増やし、やっと上に伸びはじめるが、イヌコリヤナギは発芽して一ヶ月そこそこで急に上に伸びはじめる。シラカンバなどよりも発芽時期が一ヶ月以上も遅く気温が高いためだろう。発芽が遅れた分を十分取り戻せる速さだ。きわめて小さな種子だが、その中に親木はすごい馬力の素を隠していたのである。種子の大きさだけでは、その後の成長は判断できないようだ。

オニグルミ——鬼胡桃

のびのびと育つ

オニグルミはどことなくのびのびとして見える（図3－1）。川辺で孤立している木が多いせいだろう。誰にも邪魔されずにあっちこっち気ままに太い枝を伸ばしている。数本から数十本の集団を作っているものもあるが、あまり密立しないようだ。いずれにしても一本一本の木がのびのびしていることにかわりはない。

手が届くなら、枝を一本折ってみよう。とても面白い「顔」が見えるはずである（図3－2）。

図3−1　渓流沿いのオニグルミ
オニグルミは太い枝を上にも横にもあちこちに向かってのびのびと出している。川辺の開けたところで生育するので周囲を気にせず枝を広げることができるのだろう。そのせいか、どことなく気ままな奔放さが感じられる。

図3-2　澄ました羊
枝先が親指くらい太いので一見無骨な感じもするが、冬に枝を手折ってみると、意外と柔らかい感触が伝わってくるのに驚く。葉を落とした跡にできる「葉痕(ようこん)」をよく見ると羊の顔に見える。葉痕には養分や水分の通道組織である維管束の痕が残っていて、それが目と口のように見えるのである。笑っているような、澄ましているような顔である。

雌花の後に雄花が咲く木と、雄花の後に雌花が咲く木

新緑の頃になってもオニグルミは裸木のままだ。かなり暖かくなったな、と感じられる頃になってやっと葉を開きだす。それでも北海道の東部ではよく遅霜に当たって枝先が枯れていた。葉が開きはじめるのとほぼ同時に花が咲きはじめる。遅霜を避けるため遅く葉や花を開くようになったのだろう。

宮城県北部の鬼首(おにこうべ)の町営牧場を流れる小河川沿いにはオニグルミがたくさん見られる。五月中旬になると花が一斉に咲きだしたので、梯子を架けて観察を始めた。雌花はとてもシンプルだ(図3−3左)。長さ一〇センチほどの花序が枝の先端から上向きに伸びている。花序には雌花が一〇個ほどまばらに見られる。雌花には花びら(花弁)はなく、苞の中から雌しべが突き出しているだけだ。雌しべの先の柱頭は二つに分かれ、とても鮮やかな濃い紅色をしている。見ていると吸いこまれるように明るい色彩だ。木の下から見上げていたのでは葉の後ろに隠れて見過ごしてしまう。ちょっと登って見てもいいぐらい一見の価値がある色合いだ。

雄花は雌花の下のほうについているが、まだ固く閉じたままだ。雌花は咲いているのに咲く気配がない。「多分、後から咲くのだろう」とそのときは思っていた。先に雌花が咲きその後に雄花が咲くといった「雌性先熟タイプ」はハルニレやホオノキなどさまざまな樹木で見られる開花パター

ンだからだ。他のオニグルミの木もメスが早く咲いている のだろう。周囲の木も調べてみることにした。

すると「雄花だけが咲いている木がある」と大学院生の木村恵さんが驚いてやって来た。その木では、枝の上のほうに長さ一〇〜一五センチくらいの尾状の雄花序が何本もぶら下がっている（図3－3右）。葉痕（ようこん）の直上から出ているので羊の額からシッポが出ているようだ。葯が開いて花粉を飛ばしているので黄色に見える。しかし、枝の先端を見てもどこにも深紅の雌花は咲いていない。こうしてみると雌花だけが咲いている個体と雄花だけ開いて花粉を飛ばしている個体が混在していることになる。

しばらくすると、雌花だけ咲かせていた個体は今度は雄花を伸ばし花粉を飛ばしはじめた（図3－4左）。一方の雄花だけ咲かせていた個体は花粉を飛ばし終えると雄花序を落下させ、今度は先端で赤い雌花を咲かせはじめた（図3－4右）。今度もまた、開花のタイミングが符号してい

図3－3　オニグルミの花——5月20日頃

オニグルミの花の咲き方には2タイプある。最初に雌花が咲き、その後しばらくしてから雄花が咲く「雌性先熟タイプ」（左）と、最初に雄花が咲きその後に雌花が咲く「雄性先熟タイプ」（右）だ。宮城県北部の鬼首（おにこうべ）の川沿いには2つのタイプの成木がほぼ半々の割合で混ざり合って分布している。

5月中旬、雌性先熟タイプでは鮮やかな紅色をした雌花が枝の先端で咲きはじめ花粉の到来を待っている。しかし、雄花はその下でまだ固く閉じている。一方の雄性先熟タイプでは雄花が長く垂れ下がって花粉を飛ばしている。しかし、雌花は枝先からまだ出現していない。このとき、両タイプ間でまず1回目の交配が行われている。

るので互いに交配していると思われる。

つまり、オニグルミは木によって雌花と雄花の咲く順序が異なり、雌花が先に咲いてしばらくしてから雄花が咲く木があると思えば、その隣の木は、逆に雄花が咲いてから雌花が咲きはじめる。我々は前者を「雌性先熟タイプ」と呼び後者を「雄性先熟タイプ」と呼んだ。もう、おわかりであろう。両タイプは互いに花粉をやり取りしているのである。両タイプ間で、前後二回の交配を行っているのだ。このようにして自分の花粉（自家花粉）を受粉しないようにし、他の個体の花粉（他家花粉）を受け取って、元気な子供を作っている。このような花の咲き方を植物学では「ヘテロダイコガミー」と呼んでいる。とても珍しい咲き方だがクルミ科やカエデ科などの多くの樹木で見られる。

しかし、まだ重要なことがわかっていない。二つのタイプの木はオスとしてもメスとしても均等に振る舞っているのだろうか。それともどちらか一方に重きを置いているのだろうか。雌性先熟タイプは最初に雌花を咲かせるので、体内に溜めこんでいた養分を使ってまず雌花を作る。したがって、雌性先熟タイプは雌花をたくさん作り、種子もたくさん生産し、母親として子供をたくさん作ろうとしているのかもしれない。一方、雄性先熟タイプは、より大きな雄花序を作りたくさんの花粉を散布し父親として多くの子供を作ろうとしているのかもしれない。つまるところ、それぞれメスとオスに特化する方向、すなわち、「雌雄異株に進化」している途上かもしれない。いやいや、

図3－4　オニグルミの花——6月10日頃

６月の初旬になると、雌性先熟タイプ（左）では雄花が咲く。雌花は１回目の交配に成功し子房が膨らみはじめている。雌花序の下には大きな葉が展開しこれからの果実の成熟を助けている。オニグルミの葉は、小さな小葉が鳥の羽根のように集まった「羽状複葉」と呼ばれるものである。

一方、雄性先熟タイプ（右）では雄花序がすでに落下し、今度は紅色の柱頭をもつ雌花が咲いている。両タイプ間では今、２回目の交配が行われているところである。

やはり二つのタイプはお互いにオスとしてもメスとしても両方均等に振る舞い、安定した「相補的な交配」をしているのかもしれない。いずれにしても、これは検証するに値する。木村さんの踏ん張りに期待した。

雌雄異株への途上か

オスとして行動しているのか。メスとして振る舞っているのか。まず、一本の木が作る雄花の量と雌花の量に違いがあるのかどうかを両タイプで比較してみた。しかし、雌性先熟が雌花を多く作るとか、逆に雄性先熟のほうが雄花を多く作るなどという違いは見られなかった。両者は雄花にも雌花にも同じ量の投資をしていた。

次に母親として作った子供の数、つまり成熟した果実の数を比べてみた（図3－5）。やはり、タイプ間に差はなかった。最後に、花粉を飛ばして父親としてどれだけ多くの果実を作っているのかを調べた。そこで、ある面積内に分布するすべてのオニグルミについて生産された果実の父親を推定した。種子を採取してその遺伝子型を明らかにした上で、母樹と花粉親候補木（花粉を飛ばして種子を作った父親と目される個体）との遺伝子型を比較し、花粉親を推定する「父性解析」と呼ばれる手法である。結果はまたしても、五分五分であった。両タイプともそれぞれが花粉を飛ばし

図３−５　オニグルミの果実と堅果

開花時には上を向いていた雌花も果実が熟すにつれて自重で下を向きはじめる。秋には大きな果実をたくさんつり下げている。果序の周囲の大きな複葉は、堅果が熟す９月にはボロボロになっている。虫や病原菌と戦いながら堅果の発達を助けてきた奮闘の日々を物語っている。それでも役目を果たした安堵の様子が見て取れる。

果実の外側（外果皮）は触ると少しネバネバする。中にはスポンジのような中果皮がクッションのように詰まっている。しかし、地上に落下し雨に当たると黒くなって自然に溶け落ち、堅い内果皮に包まれた堅果が現れる。

て作った子供の数は同じであった。

つまり、最初に雌花を咲かせその後に雄花を咲かせる「雌性先熟タイプ」と、最初に雄花を咲かせその後に雌花を咲かせる「雄性先熟タイプ」は、それぞれオスとしてもメスとしても同じだけの投資をし、同じ程度の成功を収めているのである。それぞれ、オスでもなく、メスでもなく、オスに少しだけ進化しているわけでもメスに少しだけ進化しているわけでもない。一本一本の木がオスとしてもメスとしても、ちょうど半々の振る舞いをしているのだ。このヘテロダイコガミーというオニグルミの開花様式は両タイプ間で効率的な花粉の交換を行って健康な子供を作ろうとするきわめて合理的な開花システムなのである。自然はうまくできているものだとつくづく感心する。

種子を散布する者たち

東北大学のフィールドセンター内の渓流沿いを歩いて通勤していた頃のことである。オニグルミの果実が熟す頃になるとニホンリスと頻繁に出会うようになった。それまではほとんど姿を見せたことがなかったのに急に何匹もやって来る。まずは下見のようだ。それでも熟したものがあれば樹上でもぎとっていく。下に落ちた果実はアカネズミに持ち去られるので早めに確保したいのだろう。リスたちはとても忙しそうに走りまわっていた。車にひかれてしまうものもいた。拾い上げたら温かい体温が伝わってきた。なんだか哀れだったので毛皮をなめして保存することにした。今でも傍らにあるのでときどき触るととても柔らかい感触が伝わってくる。リスやネズミがオニグルミの実を特に好むのは、果実に良質なそして大量の脂質が含まれているからである。

エゾリスを追いかけていた北海道林業試験場の宮木雅美さん（後に酪農学園大学）は、オニグルミよりずっと重いチョウセンゴヨウの球果（松ぼっくり）を四〇〇メートルも運んでいることを観察している。オニグルミもかなりの距離を運んでいることは間違いないだろう（図3－6）。エゾリスはあちこちに一個ずつ埋めている。地表面下一～二センチの浅いところに埋めて、その後鼻で落ち葉をかけて隠している。後で食べるために貯蔵するのだが、リスはけっこう忘れやすいと宮木さんは言っていた。また、リスはネズミと違い暗い林内の藪のようなところだけでなく明るいところでも活発に行動する。オニグルミが親木から遠く離れた明るい場所で発芽し、大きくなれるのも行動範囲が広いリスのおかげなのだろう。オニグルミにとってはありがたい散布者である。

東北大学農学部のテニスコート脇を歩いていると何かがコンクリートのコートに落ちてきた。何だろうと思って見ていると小さな丸いものをカラスが咥えて飛び上がった。また落とした。クルミだ。何度も繰り返していたがなかなか割れない。諦めて放り投げていった。人間が見ている分には面白いがオニグルミの親にとってはあまり期待できない散布者のようだ。

「オニグルミが川沿いに多いのは種子が水に流されて運ばれるからだ」と山形大学の中島勇喜さん

図3-6　冬毛のエゾリスとオニグルミ堅果の食痕

北海道美唄市の山あいに住んでいたとき、鳥のエサ台にはカラ類、キツツキ類、カケス、ヒヨドリ、そしてそれらを狙うオオタカもやって来た。それらに混じってエゾリスも頻繁にやって来た。目当てはオニグルミである。エサ台に来るとときどき頭を上げて周囲を警戒していた。堅果の外側は堅い殻（内果皮）に覆われているが、リスは内果皮の継ぎ目の部分を上手に齧りきれいに半分に割って中身を食べていた（左、中央）。一方、ネズミは内果皮の薄いところを齧って穴を開けて中を食べる（右）。

は言っていた。バイクに乗って、川沿いをオニグルミの種子を追いかけていると「海岸まで流されていることがよくわかる」と会議中に教えてくれた。オニグルミは明るいところでしか大きくなれない。広々としたところに辿り着くためにはリスだけでなく水の流れまでも利用しているようだ。

早起きは三文の得——種子が小さくても挽回できる

オニグルミの堅果の外側は堅い殻（内果皮）に覆われている（図3－6）。その中には薄い種皮に覆われた種子がある。だから堅果を種子と呼ぶのは間違いだ。しかし、散布される単位として堅果をおおざっぱにタネとか種子と呼ぶのは学問の世界でもよくあることだ。

さて、オニグルミの堅果（種子）には大きなものもあれば、小さなものもある。その重さの差は一〇倍もある。随分と大きな差だ。種子の重さは芽生えの成長に大きく影響するだろう。どの程度影響するのか調べようと、北海道の新得町の河畔沿いにギャップを作り種子の重さを大、中、小の三つのグループに分け播いてみた。ところが最初の芽生えが地上に現れたのは六月初旬と多くの落葉広葉樹に比べて遅いのに加え、その後も二ヶ月間もダラダラと時間をかけて発芽し、最後の芽生えが出現したのは七月末であった。種子が軽いほど早く発芽するといったようなことはなく、種子の重さは発芽時期には影響しなかった。また常識的に考えれば、大きな種子から発芽した芽生えのほうが小さな種子から発芽したものより大きくなるのは当たり前のことだ。しかし面白いことに、オニグルミでは小種子でも早く発芽したものは遅く発芽した大種子由来の芽生えよりも大きくなったのである。

つまり、オニグルミの芽生えの成長には「種子の重さ」より「発芽の早さ」のほうが重要であることがわかった。早く発芽したものは小種子や中種子でも大種子に追いついたのである。逆に遅く発芽した大種子は小種子にも劣ったのである。

なぜこんなことが起きるのだろう。それはオニグルミの芽生えの成長の仕方のせいである。オニグルミは葉を次々と展開しながら伸びていく（図3－7）。いわゆる「順次開葉型」の成長様式を示し、周囲の環境がよければいつまでも葉を展開しながら伸びていくタイプである。オニグルミの稚樹（一般に直径が五センチ以下で高さが三〇センチ以上の若い木を指すことが多い。若木と呼ぶこともある）や成木（性的に感熟した大きな個体）も順次開葉型だが、小さな芽生えのほうがもっと長い間いつまでも葉を開

図3－7　オニグルミの芽生え

面白いことに、オニグルミの芽生えは、小種子から発芽したものでも早く発芽すれば、遅く発芽した大種子由来のものより大きくなる。小種子は大種子より早く発芽することによって大種子に追いついたのである。

これはオニグルミの芽生えが、葉を次々と展開しながら伸びていく、いわゆる「順次開葉型」の成長様式を示すからである。周囲の環境がよければいつまでも葉を展開しながら伸びていくので、早く発芽する有利性が種子のサイズに勝ったのである。

いて伸び続ける。したがって、早く発芽すれば、たとえ小種子でも長い間成長できるので、遅く発芽した大種子よりも大きくなったのである。オニグルミは親からもらった種子の貯蔵養分の多寡でその後の成長が決められているわけではない。むしろ親の投資を使い尽くした後の成長がモノを言うのである。早起きが得をするのは人間界だけではない。

鈍く光りはじめた箪笥

木工の盛んな旭川に箪笥を買いに行った。目についたのがオニグルミの箪笥だった。少し黒っぽい深みのある焦げ茶色が気に入った。しかし、高い。所持金の倍以上だ。諦めようとしたが何かを訴えているようでそのまま帰れなかった。ふと見ると、カミさんと売り場のお姉さんが何やら話しこんでいる。話を聞くこと半日あまり、夕方には半額以下になり手に入ることになった。引っ越しの傷と手あかにまみれて三〇年、今では、無垢材の奥底から鈍い光を放っている。普段の生活に無垢の家具があるのはとても気分がよい。見た目も手触りも年々よくなる。ときどき修理は必要だが馴染んでくる。古くからの友達のようなものだ。

しかし、オニグルミの材は貴重になってきた。生育する場所が少なくなったからだ。水辺の樹々は無造作に伐られ、その跡はコンクリートの護岸になってしまった。川は水辺林があってはじめて

「川」なのである。岸辺に樹々の見られない川は川ではない。ただの「水路」である。山地の渓流沿いにも水辺を好むスギが植えられた。水辺林には洪水を調節したり、水をきれいにしたり、水の中の生き物にエサや棲家を提供する機能があることを近年の研究は明らかにしている。水辺林は人間の生活環境を守る大切な林なのである。

狭くなった水辺林でもオニグルミは交配相手を探している。虫に葉を齧られながらもがんばって大きな堅果を成熟させている。少なくなった適地にリスや水が堅果を運んでくれることを願っている。我々もまた、黒光りする無垢の篳篅を欲しがっている。川辺林のある河川を再び取り戻しさえすれば、オニグルミと人間は長い友達になっていけるような気がする。

第2章 明るい攪乱跡地でひたむきに生きる

大きな台風によって樹々が広い範囲にわたってなぎ倒されている場面に出くわした人は少ないだろう。山火事が燃え広がって焼け野原になったり、地すべりや大雪崩で根こそぎ森がなくなっている姿も、まず目にすることはない。大きな氾濫や大土石流で川の形が変わり土砂の堆積が広がっているところを目の当たりにした人も少ないだろう。このような大きな自然の撹乱はきわめて稀にしか起きないからである。

一人の人間が生きている間には経験できないようなことが自然界ではときたま起きている。森の調査をしていると、地球のイタズラともいえるような自然撹乱の痕跡をしばしば見ることができる。新しい痕跡に出くわすのはきわめて稀だが、古い痕跡はいたるところで見ることができる。しかし、それはあくまでも痕跡である。今見ているのは少しずつ森が復元されつつある途中相である。どんな撹乱があっても時間が経つと再び樹々が生え、静かに森が修復されていく。長い長い「森の時間」がそうさせているのだ。

大規模な攪乱によってできた広くて明るい場所にいち早く侵入してくる樹木を「パイオニア種」と呼んでいる。森林の遷移の初期段階に更新してくるので「遷移初期種」ともいわれる。ここでは、その代表的な樹種、シラカンバとケヤマハンノキの生活を垣間見ることにする。

シラカンバ——白樺

水色の空と白い幹

北海道にはシラカンバ林がよく似合う。水色の遠い空を背景に白い幹が連なっている（図4-1）。オホーツク海にほど近い西興部（にしおこっぺ）には広大なシラカンバ林があり、よく調査に行った。開拓時代の山火事跡地に成立した一斉林だ。

日本海にほど近い当別（とうべつ）にもシラカンバ林が広がっていた。もともとはミズナラの巨木が林立していたところだが、巨木をすべて伐採した後放置したのでチシマザサが一面を覆い尽くし無立木地になってしまっていた。「このままではいけない」ということで、ブルドーザーでササの根を剝ぎ取って鉱質土壌をむき出しにする作業、いわゆる「掻き起こし」を行ったところ、その後まもなく、

図4−1　シラカンバの一斉林

シラカンバの白い幹が薄い水色の空を背景に見渡す限り連なっている。羊蹄山（ようていざん）のきれいなシルエットを背景にしたシラカンバ林は、北国らしいとても清々しい風景を見せている。このような一斉林は山火事跡地に大量の種子が散布され一斉に発芽してできたものが多い。よく見ると太さもまちまちで、細い木から枯れている。密度が高いので競争が激しいのである。

どこからか種子が飛んできてシラカンバが一斉に更新したものである。

科学的な天然林施業の第一歩

掻き起こしを行った時期が異なる林分をいくつも調査しデータを年代順に並べると、一斉林の成立過程が手に取るようにわかってきた。最近、掻き起こしを行った場所ではシラカンバの樹高は一メートルにも達していないが、隙間なくびっしりと生えかなりの高密度だ。しかし、シラカンバ林が発達するとともに競争によって被圧された小さな個体がどんどん死んで本数を大きく減らしていった。同時に残った木が太くなり幹の体積（材積）や林分全体の材積（林分材積）が増えていった。その軌跡は「自然枯死線」として表され、さらに成長が進むと「最多密度線」に達する。「最多密度線」とはそのときの密度（林分本数）で詰めこむことのできる林分材積の最大値を示す直線のことで、シラカンバ固有の軌跡を示すようになる。このようなシラカンバ林のデータを山のように集め、北海道林業試験場の造林科のボス（後に京都大学）の菊沢喜八郎さんは将来の木の太さなどが予想できる収量－密度図を作った。一九八五年頃の造林科の調査地は百数十にものぼった。同じ造林科の先輩、浅井達弘さんや水井憲雄さんたちと月曜から土曜の昼まで毎日のように調査に行った。あれから三〇年以上も経過した。間伐されていれば、太いものは直径が四〇～五〇センチになっているだろう。

遷移初期種のダケカンバやウダイカンバなども一斉林を作るが、このような天然更新した林では放置しておいても激しい競争で本数を減らしながらも残った木はどんどん大きく成長していく。人工林のように崩壊することはないようだ。さらに抜き伐り（間伐）をすれば残った木は早く太ることも実験的に明らかにし、収量－密度図を用いて精度よく予測することもできるようになった。それまでの天然林における伐採や収穫の予測は場当たり的な、そしてとてもいい加減なものであった。収量－密度図は科学的な天然林施業の第一歩を記したものである。

受粉のために群れる

シラカンバは一本の親木が雄花と雌花といった単性の花を枝の先に別々につけている。まず、雄花から咲きはじめる。長いシッポがだらりとぶら下がったような雄花序は風が吹くと花粉を飛ばしはじめる（図４－２）。その後、雌花が直立して開花する。同じ親木の中では雄花のほうが早く開花するので、一応、自家受粉は避けているようだ。

花粉は風に乗って飛んでいくので互いの親木どうしが遠く離れていれば花粉を受け取りにくくなる。同じシラカンバの親木が近くにたくさんいたほうが効率よく受粉できる。それで、風媒の単性

図4-2　シラカンバの雄花と雌花
晩秋に落葉したシラカンバの枝先を見ると細長い雄花序が準備されている（左）。固く閉じていた雄花も翌春早く開きだす。雄花序はダラーンとぶら下がって風に揺られながら花粉を飛ばしている（中央）。開花時にはまだ葉を開いていない。花粉の飛散をスムーズにするためだ。また、雌花は雄花が花粉を飛散し終わった頃に咲きはじめる（右）。自分の花粉を受け取らないように雄花と雌花の開花時期をずらしているのだ。

花をもつものは、なるべく大きな集団を作るようになったのだろう。北海道の林業試験場の真坂一彦さんは数理モデルでそう説明している。そういえば、風媒の単性花をもつダケカンバ、ハンノキ、ブナ、ミズナラ、アカマツ、ハイマツなどはみなそうである。シラカンバが大規模な攪乱地で一斉に更新することが、何十年も経った後に効率よく他家受粉し健康な子供を残すことに繋がっているのは、生活史を通じて筋が通った生き方である。

風に乗って旅立つべらぼうな数の種子

シラカンバだけでなく同じカバノキ属のダケカンバやウダイカンバもまた広い単純林を作る。しかし、大量に更新しているカバノキ属の芽生えを見ていつも不思議に思うのは、周囲を見渡しても母樹が一本も見当たらないことだ。種子はよほど遠くから飛んでくるに違いない。

これらカバノキ属三種は果実の作りがよく似ている（図4－3）。真ん中に位置する種子の周りを薄いセロファン紙のような翼が取り囲んでいる。この翼が風を受けて果実は遠くに飛んでいく。

シラカンバの種子は遠くに飛ぶだけではない。べらぼうな数を飛ばしている。秋に成熟した果序の中の種子を数えた水井さんは平均で五五〇個ほどだと記している（図4－4）。五〇センチの長さの枝には三五〇〇個ほどの種子があったという。多分、一本のシラカンバは、秋に数十万個から

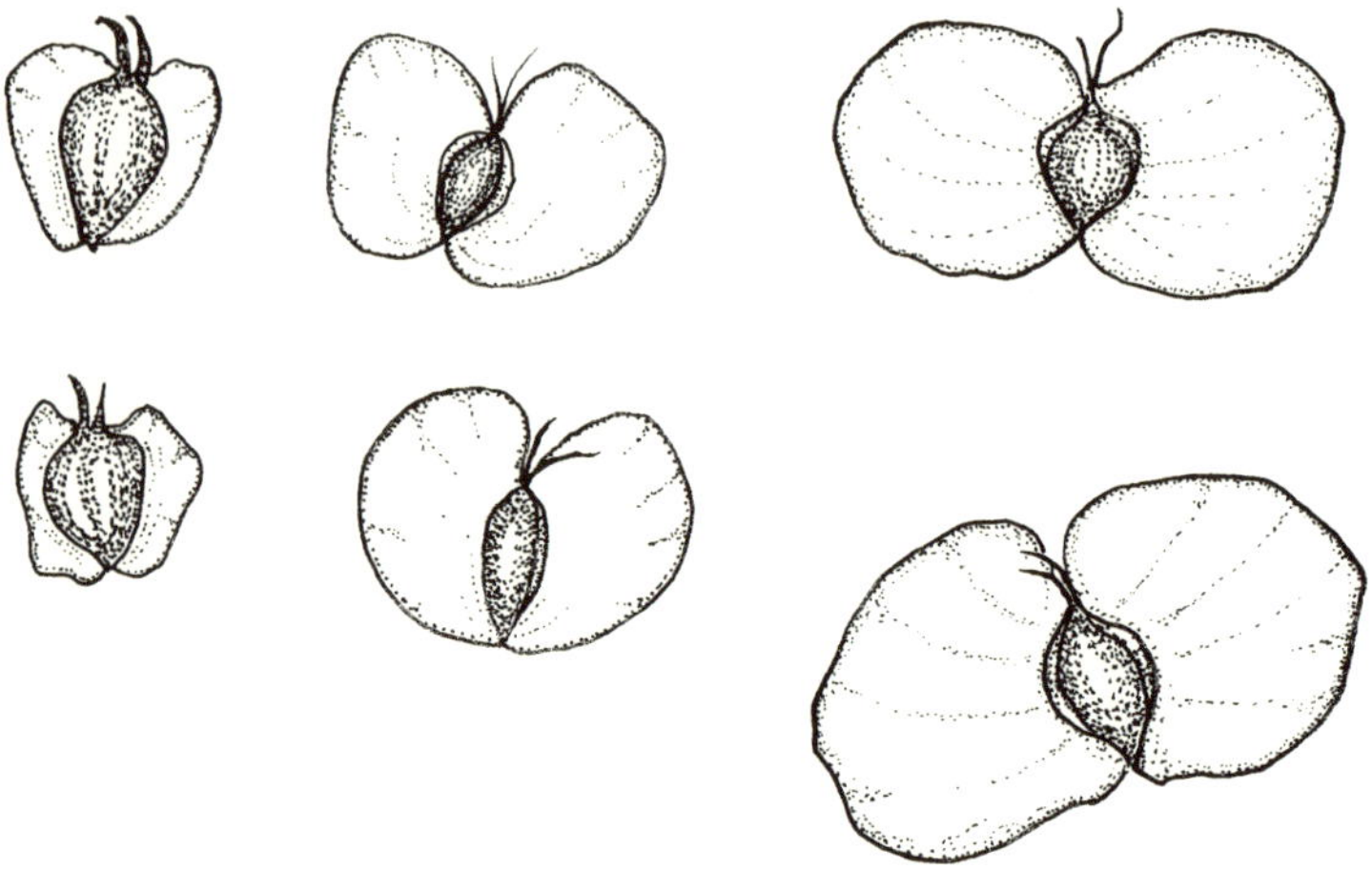

図4−3　カバノキ属３種の果実（種子）

ダケカンバ（左)、シラカンバ（中央)、ウダイカンバ（右）３種の果実は、種子の周りを薄いセロファン紙のような翼が取り囲んでいる。この翼が風を受けて果実は遠くに飛んでいく。シラカンバとウダイカンバの果実はよく似ているが、真ん中に位置する種子本体はシラカンバが細長い楕円形で、ウダイカンバは少し丸みを帯びた楕円形だ。ウダイカンバのほうが少しだけ翼の面積も広いが、種子本体も大きく重いので、散布能力はシラカンバのほうが高い感じがする。

一方、ダケカンバの翼は種子の周りにほんの申し訳程度についているだけだ。翼の面積だけで判断したら一番飛ばないように思える。しかし、それは早合点だ。シラカンバやウダイカンバは種子の部分が丸々と膨らんでいてお荷物のように見えるが、ダケカンバの種子は中心部も平べったく周囲の翼と一体化している。全体が翼のような役割をしてけっこう遠くに飛んでいるようだ。

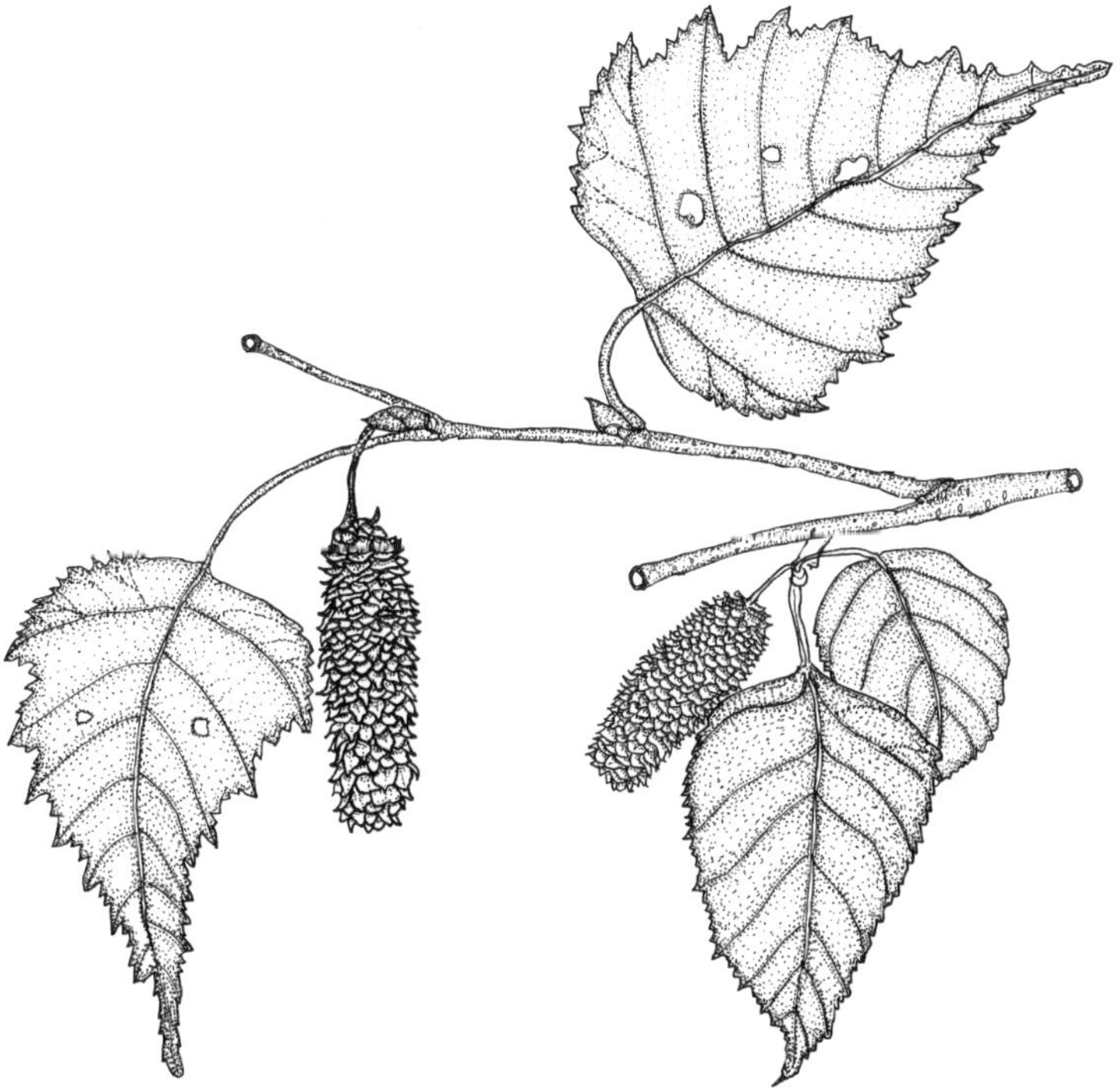

図4－4　シラカンバの果序

春には上向きに咲いていた雌花序も、果実が成熟してくるとしだいに自重で垂れ下がってくる。秋には長さ5 cmほどの果序が枝先に大量に見られるようになる。中には大量の果実（種子）が詰めこまれている。中の種子を数えた水井憲雄さんは、果序1つに平均で550個ほどの果実（種子）が入っていると記している。シラカンバは種子を遠くに飛ばすだけではなく、膨大な数を飛ばしているのである。

数百万個の種子を飛ばしているのだろう。

シラカンバは二〜三年に一度凶作になる以外はほぼ毎年同じように種子生産をしている。シラカンバが種子を生産しはじめるのは樹木の中では早いほうだ。しかし、少し混み合っている林分では孤立木より繁殖への投資配分が減るので繁殖開始年齢は少し高くなるだろう。多分、二〇〜三〇年生くらいからだろう。その後五〇年間、それも一年おきに種子を生産し続けるとしたら、生涯に数千万、ひょっとしたら億の単位の種子を散布することになる。このような膨大な数の種子を半径数百メートル圏内に散布するとすれば、たとえ山火事などの大規模な攪乱の機会がきわめて少ないにしても、一生に一度くらいは更新する機会に恵まれるかもしれない。親木は自分が生きている間に、どこでもいいから自分の子供が大きくなれる場所を発見できるように、毎年のように小さな種子をたくさん作り、飛ばし続けているのである。

明るいところだけで発芽

樹木の種子が大規模な攪乱に遭遇する機会はきわめて稀だ。たとえ、シラカンバのように種子の散布能力が飛び抜けて高くても、気の遠くなるような数の種子を散布し続けても、である。毎年のように大量に散布される種子のほとんどは森の中に落下している。しかし、林冠が閉鎖した暗い森の中で発芽するとシラカンバは生きてはいけない。シラカンバは暗いところでは光合成がほとんどできない。したがって、フェノールやタンニンなどの防御物質を作る余裕がなく、ナメクジや病原菌の餌食になりひとたまりもなく死んでしまう。

そこで親木たちはフィトクロームというタンパク質を種子にもたせた。「今、発芽してよいか悪いか」をフィトクロームが判断するのである。ハルニレと同じメカニズムである。暗い林内では赤色光が林冠の葉に吸収されるので遠赤色光に対する赤色光の比率（赤色光／遠赤色光比）が低くなる。そこに落下すると、フィトクロームが種子を休眠させるのである。一旦休眠した種子はなかなか目を覚まさない。目を覚ますのは撹乱により樹々がなぎ倒され落ち葉が取り除かれたときだけである。落葉広葉樹林では春先は明るいのでハルニレのように発芽すると思われるが、シラカンバは種子が小さく落ち葉の下に潜りこんでしまう。落ち葉の下には赤色光が届かないので、落ち葉も取り除かれるような大きな撹乱があってはじめてシラカンバは発芽するのである。

シラカンバのお母さんはただものではない。子供が住みやすい場所で発芽するためにさらに精妙な仕掛けをもたせている。赤色光／遠赤色光比が高ければ高いほどよく発芽するようにしている。つまり、大きなギャップではよく発芽するが、小さなギャップではあまり発芽しないようにして次の大きなギャップを待っているのである。シラカンバは大きな明るいギャップでしか大きくなれないからである。

ハンディキャップの克服

シラカンバの種子はとても軽い。日本の冷温帯の落葉広葉樹の背の高い木、いわゆる「高木」の中ではヤナギ類に次いで軽い。翼（果皮）や種皮などを除いた子葉や胚などは芽生えのための養分であるが、それでも〇・一ミリグラムほどしかない。トチノキが二〇グラムほどなので二〇万分の一だ。種子が小さいので、発芽直後に開いた双葉（子葉）も小さい（図4－5）。これが将来大きな木になれるのかと心配になるほど華奢で弱々しく見える。しかし、生まれたときのハンディキャップをものともしないたくましさをシラカンバはもっている。イヌコリヤナギと似ているがイヌコリヤナギよりかなり地味である。春に発芽してから雪が降るまで、全力で自転車を漕ぐような地道で涙ぐましい努力が続くのである。

北海道の真ん中あたりに位置する美唄（びばい）市にある北海道林業試験場には三〇年前には広大な苗畑があり、北海道のありとあらゆる樹木の種子が播かれ多種多様な芽生えが育っていた。その苗畑で発芽したシラカンバの芽生えの一年間の成長を調べてみた。五月初旬に発芽すると小さな子葉を二枚開いたまま、いつまでたっても本葉を開く気配がない。しかしよく見ていると、最初は小さな子葉もしだいにその面積を広げているのがわかる。発芽してから一ヶ月後の六月になってようやく最初の本葉が開きはじめる。子葉の光合成能力を高めることによって、ようやく小さな本葉を開くこと

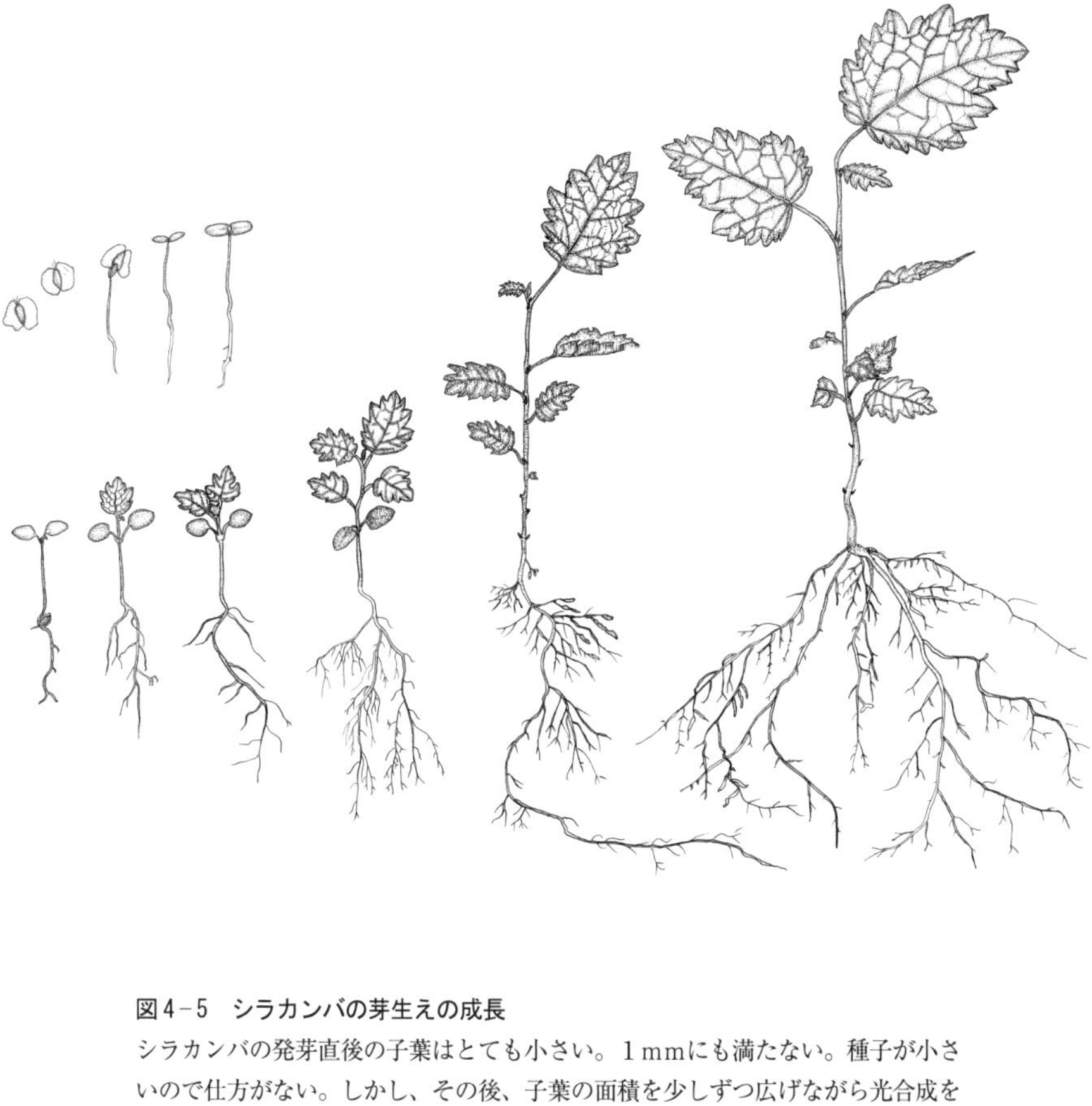

図4-5　シラカンバの芽生えの成長
シラカンバの発芽直後の子葉はとても小さい。1mmにも満たない。種子が小さいので仕方がない。しかし、その後、子葉の面積を少しずつ広げながら光合成を続ける。そして、発芽後1ヶ月かけてやっと小さな本葉を開く。それからきわめてゆっくりだが、前より大きな葉を展開していく。
本葉を6～7枚展開し終えた夏のあるとき、急に大きく伸長しはじめる。それまであまり上には伸びず、葉の面積を増やして光合成のポテンシャルを上げ、伸びる力を溜めこんでいたのだろう。

ができたのだ。しばらくすると、今度はもう少し大きな葉を開く。このようにだんだんと大きな葉を開きながら、七月くらいまで少しずつ背を伸ばしていく。そして、夏のある日、突然といっていいような急激な伸長を開始する。それまではあまり伸びず、葉の量を増やして光合成のポテンシャルを上げ、伸びる力を溜めこんでいたのだろう。さらに今度は、古い葉をどんどん捨て、新しい葉を立て続けに出しながら伸びていく。葉を次々と入れ替えたほうが光合成の効率がよいのである。なぜならば、シラカンバの葉は開ききって面積が最大になった頃に光合成速度が最大になるが、その後、葉が古くなるにつれて光合成速度は急激に減速しはじめるからである。したがって、古くなった葉は長くつけておいてもコストがかかるだけなので早めに落とし、次々と新しい葉を開いたほうが高い光合成生産を長く維持できるわけである。つまり、絶えず生産能力の高い葉を維持し続けるために次々と葉を新しいものに取り替えているのである。このように、最初はとても小さかった芽生えも秋には随分と背が高くなり、三〇～四〇センチほどに達するものもある。これは、大きな種子をもつトチノキとほぼ同じほどの高さだ。シラカンバの種子はトチノキの二〇万分の一しかないという最初のハンディキャップをものともしないのである。

トチノキは親からもらった大型のベンツに乗ってあっという間に目的地に着くようなものだ。一方、シラカンバは親から自転車しかもらえなかったものの、春から秋まで毎日一生懸命にペダルを漕ぎ続けることによって、やっとベンツに追いついたようなものである。樹木の世界にもさまざまな生き方があるものだ。

三つ子の魂百まで――年をとっても自転車操業

成人しても子供のときの癖は直らないようだ。シラカンバは成木になっても芽生えのときと同じような葉の開き方をする（図4－6）。シラカンバは春、一対二枚の葉を開く。これを「春葉（しゅんよう）」という。その後開く葉を「夏葉（かよう）」というが、春葉を開いた後、夏葉はなかなか開かない。二～三週間そのままだ。春葉でじっくり光合成をしてエネルギーが溜まるとはじめて夏葉を開くのである。春葉をアルミホイルで覆い、日光を遮断すると夏葉は出てこない。春葉は前年度の貯蔵養分で開き、夏葉は春葉が生産した光合成産物を用いて開くからである。これは芽生えが小さな子葉を開いて、しばらく光合成をしてやっと本葉を開くのとよく似ている。その後も芽生えと同じで、一旦夏葉を開くと次々と新しい葉を展開しながら当年生の枝（シュート）を伸ばしていく。自転車操業は子供の頃からの習い性なのである。

じつはこのように連続的に葉を次々と展開するのは樹冠の上部や一年生枝の先端など日当たりのよいところに位置する冬芽から出たシュートだけである。これらは「長枝」と呼ばれる。一方、樹冠の下部や一年生枝の基部など日当たりの悪いところに位置する冬芽からは、短い枝に葉が一対二

図4-6　シラカンバの春葉と夏葉

上の図では、１年生枝の上下の２ヶ所の冬芽から、それぞれ１対の葉が開いている。これを「春葉（しゅんよう）」という。シラカンバは「春葉」を展開した後、しばらくしてから「夏葉（かよう）」を開く。上の図でも上のほうの２枚の春葉の中央から夏葉が開きはじめている。下の図は秋に描いた「長枝」である。基部には１対の春葉が見え、その先に交互に５枚の夏葉を展開しながらシュートが伸びている。

枚だけ開く。これは「短枝」と呼ばれる。シラカンバの成木は長枝と短枝のバランスを保ちながら光合成をして大きくなっている。

ケヤマハンノキ——毛山榛の木

傷口の縫合

山腹斜面や渓流沿いに作られた林道を走ると法面（のりめん）に数本か数十本単位でケヤマハンノキがまとまって生えているのをよく見かける（図5－1）。北海道の南大雪では天然林の皆伐跡地の崩れた斜面に広い一斉林を作っていた。広い空き地があるといつの間にか侵入する。特に人間が開けた森の大小の傷口を最初に綴じてくれるのがケヤマハンノキである。

攪乱地を渡り歩く

ケヤマハンノキは自然が攪乱した場所の修復も得意である。東北地方の山地では地すべりがよく起きる。特に日本海側は第三紀時代に形成されたもろい基質でできており、急傾斜地では地すべりを引き起こしやすい。東北に移ってすぐに作った一ヘクタールの小さな試験地を山形大学の小野寺弘道さんと一緒に歩いていると、「ここは典型的な地すべり地形だ」と言われた。斜面の下部が少し盛り上がり、下から水がちょろちょろ流れていた。測量してみると試験地の西半分が地すべりの跡地であった。測量を終えて改めて地すべり地と隣の原生的な森の景観を見比べてみると随分と違う。一目瞭然というのはこういうことだ。しかし、普段は見過ごしていることが多いのが地すべりの痕跡である。

試験地の東半分は安定した老熟林で、直径一メートルを超えるブナやトチノキの老巨木が多く見られる。それだけでなく、古木が倒れ小さなギャップを作り、そこで若い稚樹も更新していた。典型的な老熟林である。一方、地すべり地では太い大径木はほとんど見られない。大きいもので直径三〇～四〇センチ程度である。それもケヤマハンノキやアカシデといった遷移初期種が多い。成長錐(すい)という直径一センチほどの太い錐(きり)を回転させながら幹に差しこんで棒状のコアを取り出し、年齢を調べてみた。両種ともほぼ六〇～七〇年生の間であった。地すべりは七〇年ほど前に起きたのだろう。地すべりで樹々がなぎ倒され、ケヤマハンノキとアカシデはその後一〇年の間に一斉に侵入したものである。地すべりは樹々をなぎ倒し、森を崩壊させる。地表面を明るくし、林床に厚く堆

積した落ち葉や枯れ枝なども押し流してしまう。きれいさっぱりと鉱質土壌を裸出させる。したがって、地すべりは種子の小さなケヤマハンノキに最高の定着場所を提供したのである。

ケヤマハンノキは人為であろうが自然が作ったものであろうが攪乱地にいち早く侵入し、どんどん成長する。そして攪乱地を修復し終えるとそこを遷移後期種に譲って自分はまたどこかを修復しに飛んでいくのである。世界の紛争地帯を駆けまわるお医者さんのようなものである。

茶花

秋になると丸い球果が目立ってくる（図5－2）。緑色だったものが乾燥しだんだん茶色になってくる。しだいに隙間が空いて、強い風が吹くと中から成熟した種子が飛び出してくる。種子には扁平な翼がついている。シラカンバのように薄いペラペラなものではなく、少し厚くて堅い。

図5－1　道路脇で更新したケヤマハンノキ

山奥の森林に設定してある調査地に行くには長時間林道を車で走らなければならない。いつも通る道なので途中、どこにどんな木が生えているのかはほとんど覚えている。ケヤマハンノキは勾配のきつい斜面を削った路肩や法面（のりめん）など少し開けたところにまとまって生えている。同じくらいの太さの木が数本か数十本単位で並んでいて一斉に更新したことがわかる。道路方向に長く枝を伸ばして、のびのびとしている。

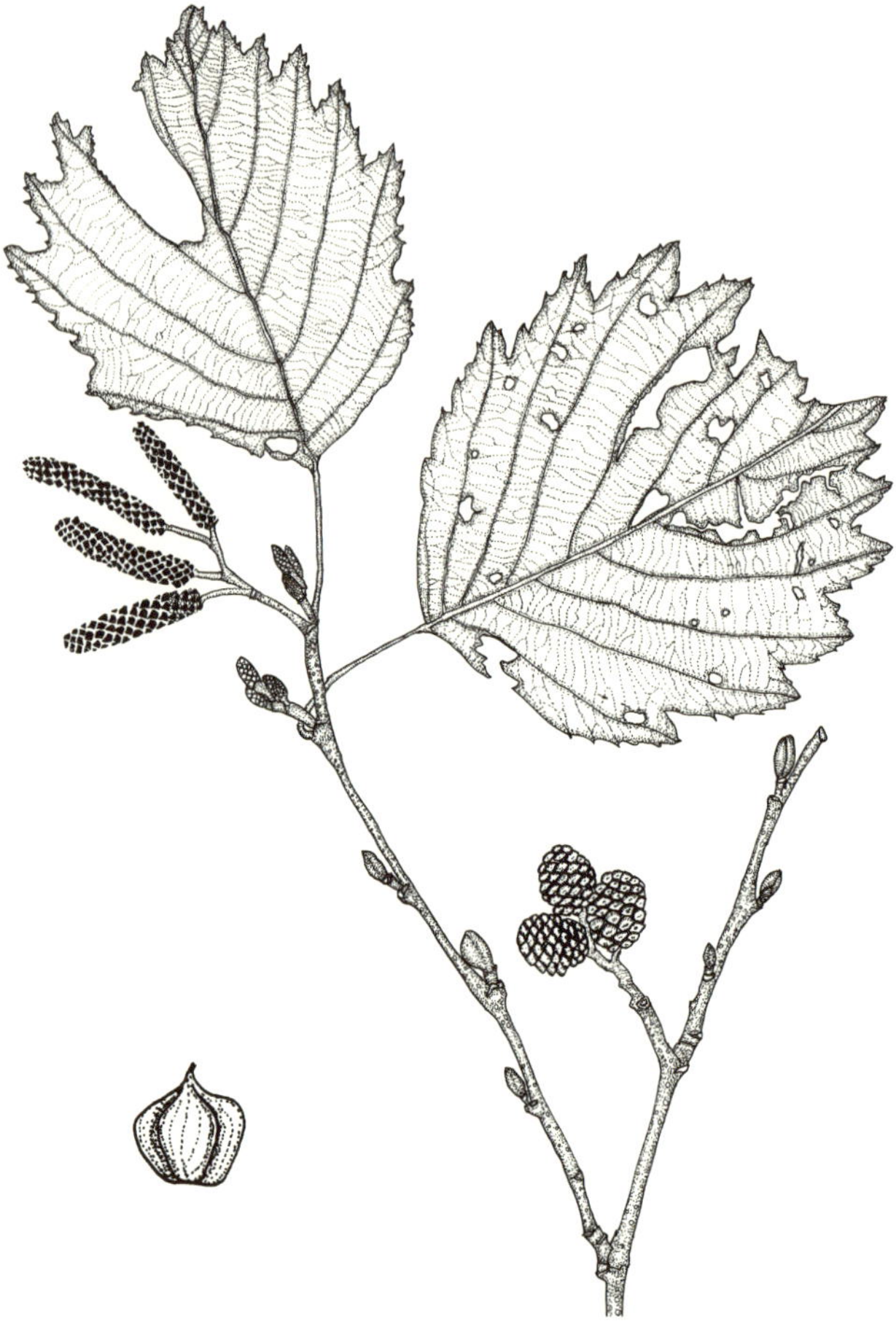

図5－2　ケヤマハンノキの果序と種子、および翌年開花予定の雄花と雌花
右側の枝先にはケヤマハンノキの球形の果序（球果）が３個見える。小さな松ぼっくりのようだ。球果の中には薄い翼をもつ扁平な種子がたくさん詰まっている。晩秋に球果は少し開き、種子を散布する準備をしはじめる。左の枝には、翌春開く予定の雄花の長い花穂（雄花序）が見える。その下には球果に発達する雌花序の蕾（つぼみ）も見られる。

ケヤマハンノキは種子の散布が始まったばかりの時期に来年の種子生産の準備をもう整えている。枝先には細長い雄花が、その基部には小さな雌花が準備されている。翌春、雄花序はダラーンと垂れ下がり、風に揺られて花粉を飛ばす。雌花も一つでも多くの花粉を受け取ることができるように上を向いたまま、目立たない花を開きだす。

ケヤマハンノキは目立たない木だが落葉後の冬の姿は捨てがたい。特に球果が面白い。枝を手折って毎年飾っているが、どこか親しみやすい風情がある。九〇歳近い叔母も「面白いのー」と言ってときどき茶席に生けていた。

温度センサーが発芽を後押し

春の暖かい日差しのもと、林道脇で弁当を食っていた。落ち葉がうっすらと積もっていたが、よく見るとその隙間からケヤマハンノキの芽生えが顔を出していた（図5−3）。同じ遷移初期種のシラカンバは落ち葉が少しでも積もるとまず見られない。

明るい攪乱地に種子が散布されても遷移初期種すべてが発芽できるわけではない。少しでも落ち葉が積もると光量は極端に低下し、同時に遠赤色光に対する赤色光の比率（赤色光／遠赤色光比）も低下する。シラカンバのように「光」だけに反応していたのでは種子は発芽できない。しかし、

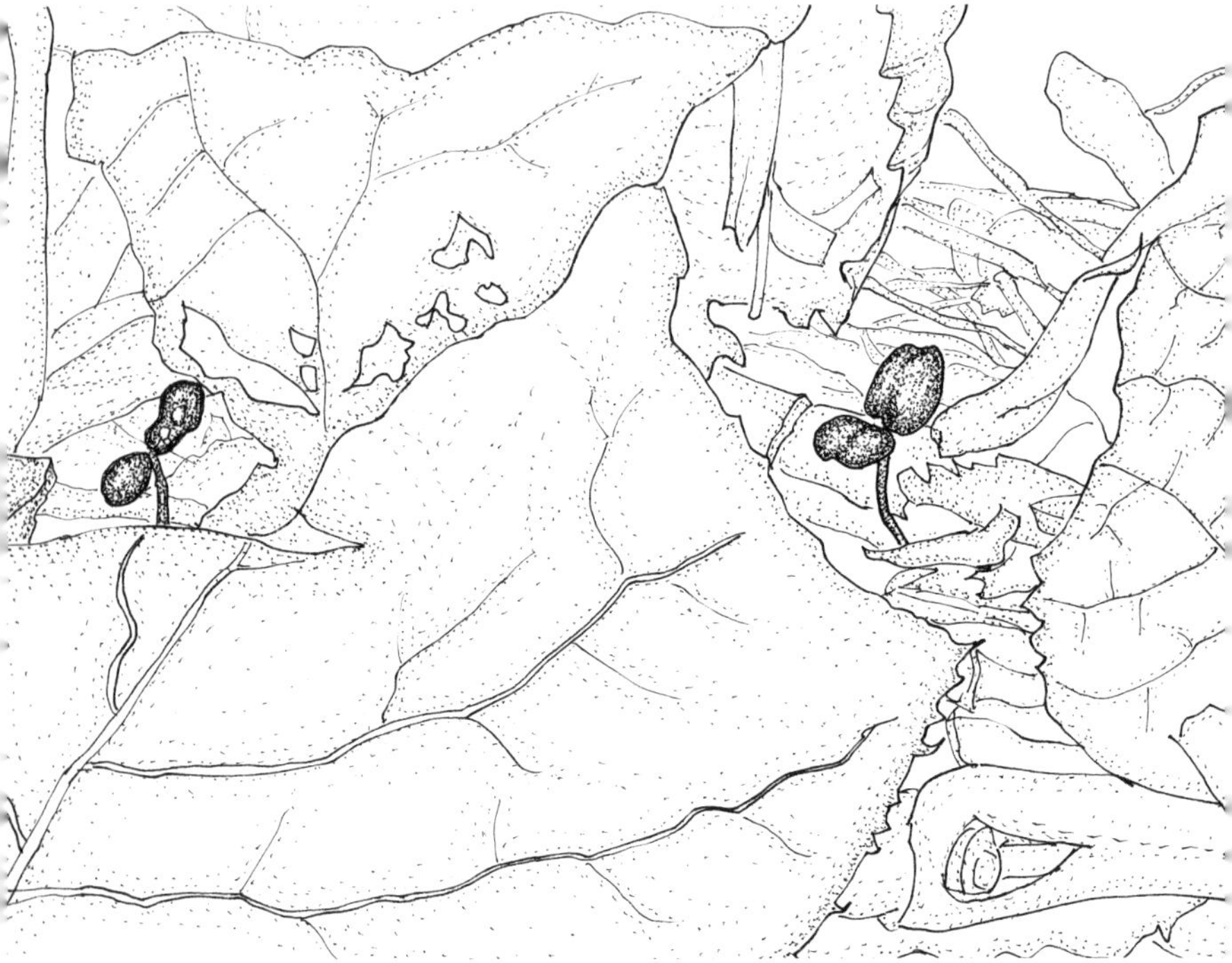

図5－3　落ち葉の隙間から顔を出したケヤマハンノキの芽生え

ケヤマハンノキの種子は風によって散布されるとても小さな軽いものである。同じ遷移初期種のシラカンバのように光が当たらないと発芽しないと思われていたが、必ずしもそうではない。昼と夜の温度較差、いわゆる「変温」も感知して発芽する。だから、光の当たらない落ち葉の隙間からでも発芽して芽生えが顔を出すのである。

少量の落ち葉の下では、夜と昼との温度較差、いわゆる「変温」が見られる。ケヤマハンノキは落ち葉の下にあっても、大きな攪乱が起きたことを温度センサーが的確に「変温」から感知して発芽することができる。ケヤマハンノキはシラカンバより少しだけ種子が大きいので、落ち葉を突き上げてその隙間から出てくる力も少しだけ強い。このようにして、ケヤマハンノキは落ち葉の下から顔を出し、法面などで更新しているのである。

根粒菌

発芽して三ヶ月ほどした頃に芽生えを抜き取ると、根に小さな瘤（こぶ）のようなものがたくさんついていた（図5－4）。「根粒（こんりゅう）」である。根粒は大気中の窒素をアンモニア態窒素に変換して植物に供給する「根粒菌」のかたまりである。逆に植物は根粒菌に光合成産物を与え、互いに持ちつ持たれつの共生関係をもつ。このような共生関係はマメ科植物で普通に見られるが、ハンノキ類でも見られる。発芽して間もない芽生えが根粒菌と共生しているのには驚いた。ケヤマハンノキは痩せた崩壊地や道路法面などでもあっという間に大きくなっている。根粒菌が一役買っているのだろう。成長の仕方はシラカンバとよく似ているが、シラカンバより少しだけ種子が大きく根粒菌もつくせいか幾分成長が速い。

図5−4　ケヤマハンノキの芽生えの成長

ケヤマハンノキの芽生えを毎週抜き取りスケッチしていると、シラカンバの芽生えの発達にとても似ていることがよくわかる。種子が小さいので子葉も小さく、なかなか本葉が出てこないが、本葉を開きはじめるのはシラカンバよりは少し早く、子葉展開後2〜3週間で出てくる。種子が少し大きいからだろう。

小さな本葉を1枚展開すると、その後は、ゆっくりであるが着実に大きな葉を一枚一枚開いていく。夏になり、ある程度、葉の枚数も増えると、急激な伸長を開始する。その後も9月の終わりまで新しい葉を開き続け、古い葉をどんどん落としながら成長を続ける。最大の光合成能力を維持し続けるため葉の回転を上げているのだろう。根に根粒菌がついているのがわかる。

紅葉する気なし

北海道の紅葉は急いでやってくる。そして初雪とともに落葉し、あっという間に終わってしまう。しかし東北では紅葉は長く楽しめる。八月半ば頃にサクラが赤や黄色に染まった葉を落としはじめ、九月になると木に巻きついたウルシやヤマブドウの葉が深紅に照りはじめる。そして一〇月に入ると華やかさを一気に増していく。イタヤカエデやヒトツバカエデは黄色に、ウリハダカエデやヤマモミジは橙や深紅に染まる。レモン色のタカノツメが清透な青空に浮き上がる頃に最高潮を迎える。その後、自鏡山（じきょうざん）や一桧山の老熟林に出かけると、落葉したブナやミズナラ、コナラなどの巨木の下で亜高木層のハウチワカエデやコハウチワカエデが穏やかな橙色を柔らかい日の光に輝かせている。

帰り道、道路沿いのケヤマハンノキを見ると葉はまだ緑色のままだ。霜が降りて、初雪が来て半ば強制的に落葉させられるときも、少し黒っぽく変色するが緑色を残している。これは、他の落葉広葉樹が葉の窒素を七五〜八〇パーセントも回収するのに対し、ハンノキ類は三〇〜四〇パーセント程度しか回収しないからである。カエデやモミジは葉を落とす前に葉緑体の窒素を枝に回収する。もったいないから翌年に葉を展開するときに再利用するのだ。緑色が抜けると夏の間に蓄積されたアントシアニンやカロチノイドなどの赤や黄色の色素が浮かび上がり美しい紅葉となるのである。

ケヤマハンノキが窒素を回収しないのは「根粒菌と共生し空中の窒素を固定できるので、窒素獲得に苦労することがないからだ」と北海道大学の小池孝良さんが教えてくれた。窒素を回収するより秋遅くまで光合成をしたほうが得なのだろう。

川を豊かに

ケヤマハンノキの葉が落ちてくるのをじっと待っている生き物がいる。山地の渓流に棲む水生昆虫である。秋の終わりに渓流に行くと、水底に落ち葉が大量に敷き詰められている。ケヤマハンノキ、ヤナギ類、シラカンバなどの遷移初期種からサワシバ、イタヤカエデ、トチノキ、ブナ、ミズナラなどの遷移後期種までいろいろ混じっている。しかし、驚いたことに翌春、雪解け後に同じ川に行くと、大量の落ち葉が半減し、分解された有機物が赤く堆積している。これを不思議に思った北海道林業試験場の柳井清治さん（後に石川県立大学）はいろいろな種類の落ち葉を水中に沈め、いつ、どのような昆虫が葉を食べているのか調べた。

もっとも早く食べ尽くされたのがケヤマハンノキであった（図5－5上）。春までにすべてなくなった。食べているのはサトウカクツツトビケラやガガンボなどの水生昆虫だ（図5－5下）。ヤナギやシラカンバも春までに半減した。しかしミズナラ、ブナ、トチノキは大半が食べられずに残

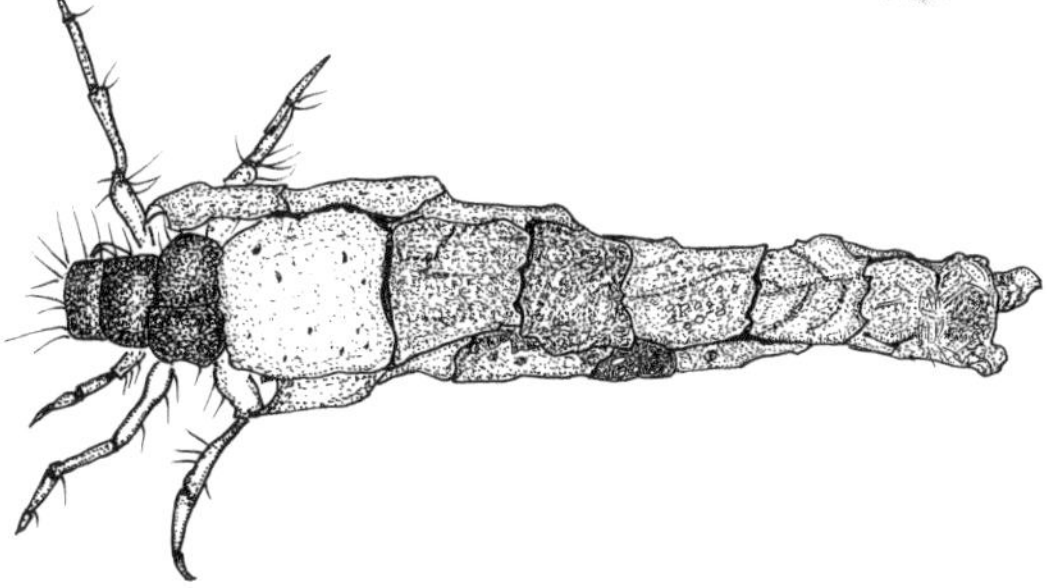

図5-5　水生昆虫に食べられたケヤマハンノキの落ち葉（上）とサトウカクツツトビケラの幼虫（下）

山地に網の目のように張り巡らされている渓流には、秋になると大量の落ち葉が落下する。ケヤマハンノキの葉は渓流に落下して１ヶ月も経たないうちにかなり食べられてしまった。これは渓流に棲む水生昆虫の仕業である。隣のミズナラとサワシバの葉はまだ食べられずに残っている。

下の絵はケヤマハンノキの葉を食べていたサトウカクツツトビケラの幼虫である。葉を小さく切り刻み、その断片で四角い筒状の隠れ家を作る。そこから頭を出して葉を食べる。(柳井清治さん撮影の写真から描く)

った。

ケヤマハンノキの落ち葉は窒素濃度が高い。水中の昆虫たちはおいしくて栄養のあるケヤマハンノキからまず食べるのである。その後にはヤナギやシラカンバなどわりと柔らかく窒素濃度も比較的高いものが食われるようだ。ブナやミズナラ、トチノキなど葉が堅くて栄養分の少ないものはなかなか食いつきが悪いようだ。こうして見ると遷移初期種のほうが後期種よりも早く食べられる傾向にある。つまり、遷移初期種は明るい攪乱地で早く成長する必要があるため、葉へ窒素を多く投入し光合成効率を高めている。葉齢とともに光合成効率は落ちるので寿命の短い葉を入れ替えながら高い光合成速度を維持している。葉の寿命が短いのであまり葉の防御には投資しない。防御がおろそかになっていることも食べやすさの理由の一つであろう。

このようにケヤマハンノキをはじめとするさまざまな遷移初期種は、栄養豊富な葉を水生昆虫に供給している。増えた昆虫類はさまざまな魚類のエサとなり河川生態系の生物生産を底上げしているのである。

第3章　老熟した森で生きる

巨木が集う老熟林に一歩踏みこむと独特の深い香りが漂ってくる。いつも深呼吸をしてから調査を始める。チラチラした木漏れ日のもと、目を凝らすと小さな芽生えがあちこちに見られる。一個一個に旗を立てて、毎週のように通い観察を続ける。芽生えは病気になり虫やネズミに食べられたりして、だいたいは一〜二年のうちに消えてしまう。しかし、ほんの少しだけ生き残り、少しずつ大きくなる。数十センチの高さで成長が止まるものもあれば、一〜二メートルで止まるもの、高ければ数メートルまで育つものもある。そのまま明るい林冠の隙間、「ギャップ」が近くでできるのを気長に待っている。どれくらいの期間、森の中で待機すればいいのかは誰にもわからない。いずれ近くで木が枯れたり倒れたりしてできた明るい隙間を目指して稚樹は伸びていく。少し大きなギャップであれば一気に林冠に到達できるだろう。小さなギャップを何回も経験してやっと到達できるもののもあるだろう。明るい林冠に達したものは花を咲かせ花粉を受け取り、そして種子を散布する。あまり大きな攪乱のない老熟した森で一生を終え、次世代もまたこの森で生を全うする。

このように、閉鎖した暗い森の中でも世代更新する樹種を「陰樹」、あるいは植生遷移の後期に更新する樹木ということで「遷移後期種」と呼んでいる。また、たいした攪乱のないまま長い時間が経過し、その気候帯の最終的な森の姿である極相林を構成する樹種ということで、「極相種」とも呼ばれている。ここでは、イタヤカエデ、ウワミズザクラ、トチノキ、ミズキ、ミズナラといった老熟林でよく見られる五種の樹木の声に耳を傾けてみよう。

イタヤカエデ――板屋楓

春先に勝負を賭ける

北国では雪解けが待ち遠しいのは人間も植物も同じだ。森の中では残雪が湯気を立てながら解けている。地面が見えはじめるとすぐにエゾエンゴサクが青や赤、赤紫、そして白の色とりどりの花を咲かせはじめる。その傍ら、樹木の芽生えたちもそっと顔を出しはじめている。真っ先に顔を出すのはイタヤカエデだ。落ち葉を突き破って細長の子葉を元気よく広げる（図6－1）。まもなくハート型の本葉を青空に向けてのびのびと広げる。林冠を見上げると裸木の枝の隙間から春の陽光が大量に差しこんでくる。明るい日の光の下でイタヤカエデの芽生えは盛んに光合成をしている。

ミズナラ林で発芽した芽生えを毎週抜き取って一個一個の重さを調べてみると、林冠木が葉を出

図6−1　イタヤカエデの芽生え

イタヤカエデの発芽は早い。今まで調べてきた北国の落葉広葉樹80種くらいの中では一番だ。雪が解け地面が見えるとすぐに落ち葉を突き破って顔を出してくる。子葉の後に最初に出てくる一対目の本葉は最初赤みがさしてとてもきれいである。カエデの葉とは思えないような切れこみのないつるっとした形をしているが、後から出てくる葉はだんだん成木の葉に似てくる。

イタヤカエデの芽生えは、林冠木の開葉前の明るい2ヶ月間に生育期間終了時の個体重の約8割を獲得している。春先に勝負を賭けているようだ。

す前の春先の二ヶ月でその年の個体重の約八〇パーセントを獲得していた。つまり一年かけて得る収入の八割を春先だけで稼いでいるのである。春先にたっぷりと溜めこむことができるので、早く発芽した芽生えほどその後の生存率も高い。

イタヤカエデの芽生えの中にも遅く発芽してくるものがある。三分の一は林冠木がすでに葉を開き林床が暗くなりかけてから発芽したものである。しかし春には光合成もほとんどできないので、天敵たちが嫌がるフェノールやタンニンなどの防御物質を作ることができない。そのせいだろう、そのほとんどはナメクジや昆虫の幼虫に食べられたり、軸や葉が病原菌に侵されたりしてまもなく死んでしまった。多分、イタヤカエデの種子が春早く発芽するのは天敵が出現する前に防御物質を溜めこみ丈夫な体を作り上げたいからだろう。そうすることによってはじめて、暗くて危険な夏を生き延びることができるのだ。イタヤカエデの芽生えは春先、いかに早く発芽するかに勝負を賭けている。

秋の光も利用する

落葉広葉樹林の林床は秋も春先のように明るい。特に早く葉を落としはじめるハルニレやオニグルミ、アサダなどの下では八月半ば頃から明るくなりはじめる。その下で発芽したイタヤカエデの芽生えは秋の明るい光も逃さず利用している。林冠の閉鎖によって暗くなるので夏の間は個体重の増加は少し鈍るが、秋の落葉が始まると活発な光合成を再開し個体重を増加させるようになる。もともとイタヤカエデは弱い光でも光合成ができる耐陰性の高い樹種であるが、春だけでなく、秋の明るい光も上手に利用して落葉広葉樹林の林床で更新しているのである。

一斉に葉を開く

イタヤカエデの成木は冬芽がほころぶや否や、一気に葉の展開を終える（図6−2）。同時に当年生の枝（シュート）も一気に伸長し、春のうちに受光態勢をきっちりと整える。春先に「シュートを伸ばしながら一斉に葉を開く」といった特性は、イタヤカエデだけでなくブナやミズナラ、トチノキ、シナノキなど成熟した森で暮らす樹種で共通して見られる。菊沢喜八郎さんは「一斉開葉型」と名付け、遷移後期種の一つの生存戦略だといっている。若い二次林（台風、山火事、伐採などによって天然林が攪乱された後にできた林。種子や根などが土壌中に残り、それらをもとに自然にできた林を指す）でも老熟した原生林でも隣り合う樹々どうしは少しでも広い空間を占拠しようと常に競い合っている。春先に、少しでも早く枝を伸ばし葉を広げ空間を確保するのは、その後の光獲得を有利にするためだと説明されている。もう三五年も前に言われたことだが、毎年春になり

図6−2　イタヤカエデの一斉開葉
イタヤカエデの成木は一気に葉を開く。左図の枝先の冬芽がほころぶと６～７枚の幼い葉が１つにまとまって出てくる（右下）。そして、あっという間にシュートを伸ばしながらすべての葉を開いてしまう。それぞれの葉は互いに重なり合わないようにうまく配置されている。森の中のわずかな光も逃さないようにするためだ。
右上の葉の展開した絵は秋に描いたもので、冬芽が大きく発達し枝も少し太り、葉が昆虫に食べられているが、それ以外は開葉直後のままである。

躍動する樹々の枝先を見ているといつも「なるほど」と感心する。

このように老熟した森で生きる遷移後期種が「一斉開葉型」を示すのは、明るい大きな攪乱地で更新する遷移初期種が「順次開葉型」を示すのと好対照である。

小さい子から順番に

イタヤカエデの芽生えがすべて地上に出揃っても、成木はなかなか葉を開く気配がない。同じ樹種でも子供と大人では葉の開く時期が違うようだ。そこで、いろいろな高さのイタヤカエデの開葉の時期を調べてみた。驚いたことに、当年に発芽した芽生え（当年生実生）が一番早く葉を開き、背が高くなるほど葉を開く時期が遅れることがわかった。

前年に発芽した一年生の芽生えを一年生実生と呼ぶが、それらが葉を開きはじめるのは当年生実生が地上に顔を出してから一〇日ほど後である。もっと背の高い三〇センチほどの実生はそれからまた一週間ほど遅れて開葉する。さらに五メートルくらいに育った稚樹はそのまた一週間後だ。だんだん歳をとって少しずつ背が高くなるにつれて春の目覚めが遅れる。そして、林冠に達した高い木になると葉を開きはじめるのは芽生えの一ヶ月半ほど後である（図6−3）。森の中では小さいものほど早く葉を開かないと春の光の恩恵にあずかれないからであろう。か弱い小さな赤ん坊を優

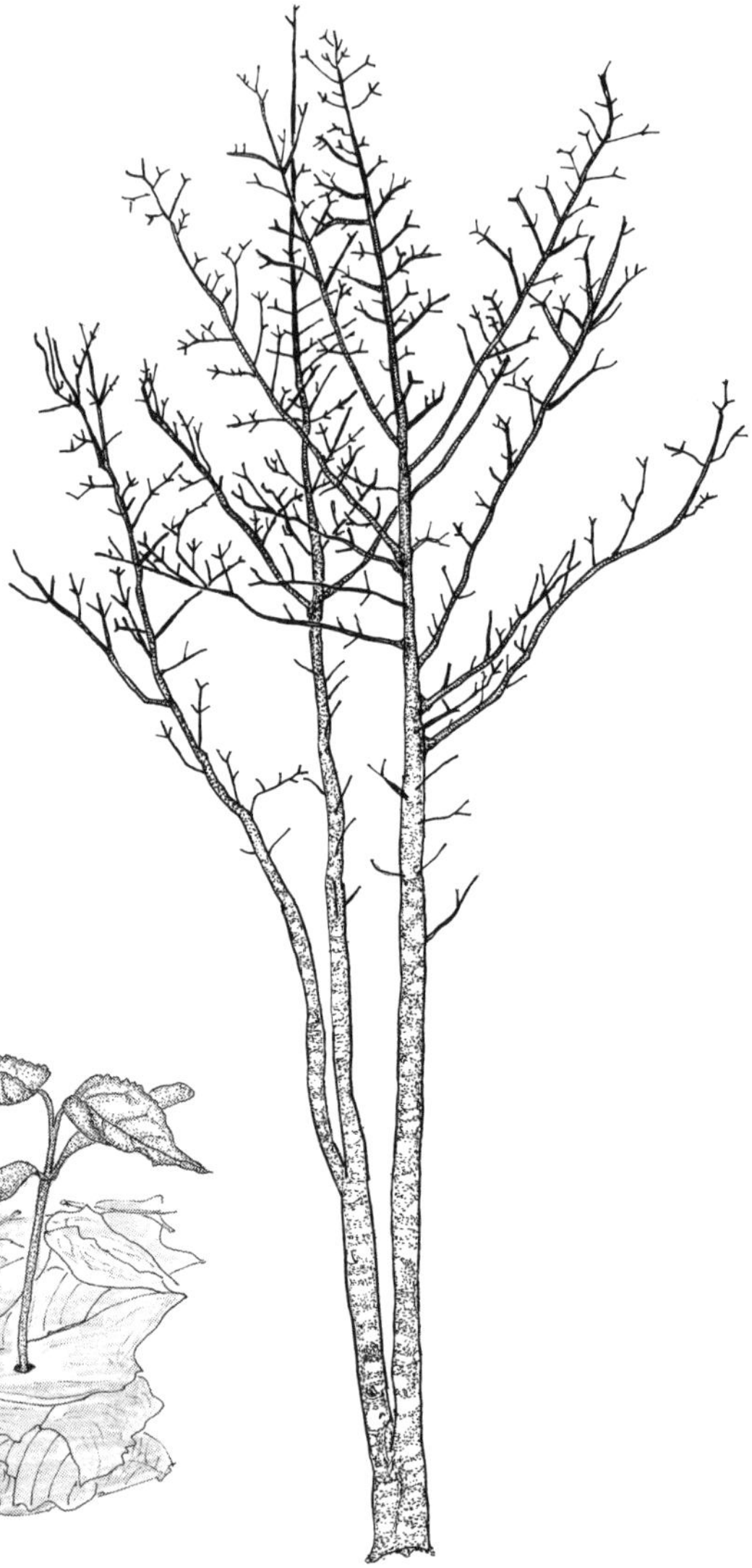

先するのは森の中ではとても大事なことなのである。

花を咲かせてから葉を開く

早く葉を開いたほうが有利なことは成木でも同じはずだ。しかしなぜ、成木は一番遅く葉を開くのだろう。それは「健康な子供をたくさん作りたいから」ということに尽きる。

イタヤカエデの花が咲くと木全体が黄色く見える（図6－4）。向かいの山のどこにイタヤカエデが立っているかがすぐわかる。人間でもわかるのだから花粉や蜜を集める昆虫たちはもっと目ざとく見つけるだろう。しかし、葉を開いた後に花を咲かせたのでは葉で花が隠れてしまい、せっかく目立つ花も台無しだ。多分、昆虫たちが花を見つけやすいように花の後に葉を開くのだろう。また、あまり早く花を咲かせると霜に当たり花が死んでしまう。昆虫もあまり活動的ではない。霜の被害を避け、昆虫たちを誘き寄せるにはどうしても開花時期を遅らせる必要がある。開花時期

図6－3　イタヤカエデの芽生えと若木

イタヤカエデは若い個体から順に葉を開く。一番早いのが当年生の芽生えで、その次が１年生の実生である。そして、背が高くなるにつれ遅れて開葉するようになり、成木では芽生えの１ヶ月半ほど後である。背の低いものほど夏は光獲得に不利になるが、春早く葉を開くことによって少しでも光の恩恵にあずかろうとしている。

ちなみに、この図の若木は直径が10cmで高さは７ｍである。葉を開きだすのは芽生えが葉を開いてから１ヶ月以上過ぎてからである。

を遅れさせると開葉時期も遅れるので、成熟した大きな木は葉を開くのが遅くなったのだと考えられる。
木も小さいうちは自分が大きくなることだけを考え早く開葉する。しかし、成熟して繁殖年齢に達するとむしろ子供をいかに多く残すかといった事情が優先されてくる。このように小さい芽生えが早く発芽し、大きくなるほど遅く葉を開くといった傾向を示すのは、イタヤカエデだけではない。ハウチワカエデやヤマモミジなどのカエデ類、ハルニレ、サクラ類などでも共通している。木は長い生涯の中で、赤ん坊のときから大人になるまで、それぞれもっとも適した時期に葉を開いているのだろう。木の一生を通じて最適なタイミングで光を獲得し自分も成長し、そして繁殖も成功させるようにプログラムされているのだろう。

図6－4　イタヤカエデの黄金色の花

イタヤカエデの花は鮮やかな黄色だ。花が咲くと遠くからでも木が黄色に見える。イタヤカエデは花を咲かせてから葉を開きだす。昆虫たちが黄金色の花を見つけやすいように葉で花を隠さないようにしているのだろう。

１つの花序には数十個の雄花と雌花が混在している（上）。雌しべも雄しべもある両性花では、雄しべの葯に花粉は入っているが開くことはないという（左下）。つまり、機能的には雌花なのである。一方の雄花は花粉を飛ばす８本の雄しべをもつ立派なオスである（右下）。これでは自家受粉しやすいように見えるが、他家受粉を促すうまい仕組みをもっている。最初に雌花を咲かせ、その後に雄花を咲かせる「雌性先熟タイプ」と、雄花を咲かせ、次いで雌花が咲く「雄性先熟タイプ」の２タイプの木があるのだ。オニグルミとよく似ている。

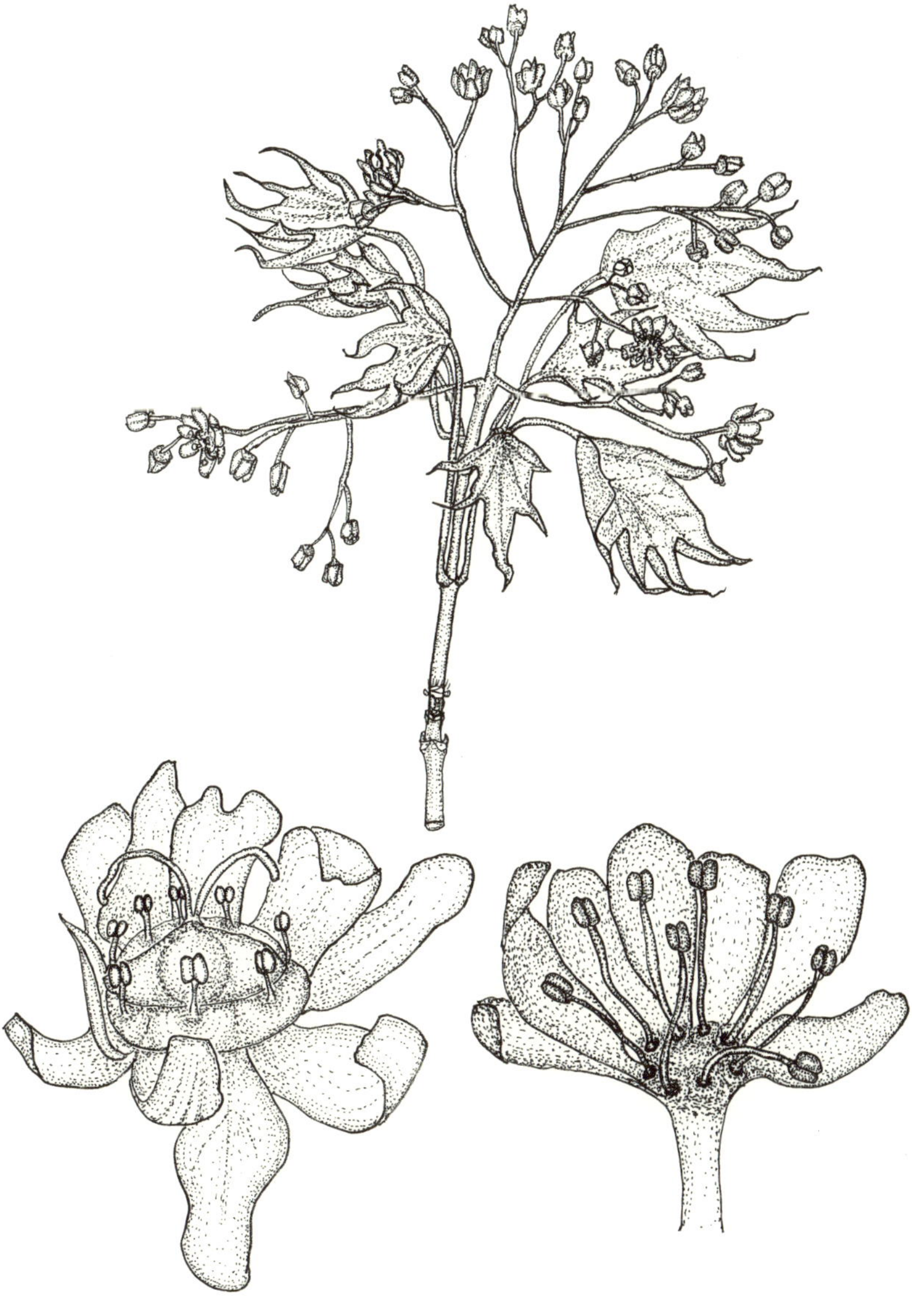

花の秘密

イタヤカエデは小さな花が数十個集まった花序を作る。その中に雄花と雌花が混在している（図6－4）。イタヤカエデの変種のアカイタヤを詳しく調べていた水井憲雄さんと菊沢喜八郎さんは面白いことを見つけた。雌花には中央に大きな雌しべがあり、その周りを短い雄しべが八本取り囲んでいて一見両性花のように見える。しかし、機能的にはメスだというのである。雄しべの葯の中に花粉は入っているが葯が開くことはなく「役立たず」なのだという。一方の雄花には八本の長い雄しべが見られ、葯が開き花粉を飛ばす。雄花は雄しべだけをもち、立派なオスの機能をもっている。こうして見ると一本のアカイタヤには雄花と雌花があることになり、自分の花粉を受粉してしまう可能性が高くなる。

しかし、アカイタヤは自家受粉を避けるうまい仕組みをもっている。最初に雌花を咲かせ、その後に雄花を咲かせる「雌性先熟タイプ」と、雄花をまず咲かせ、次いで雌花が咲く「雄性先熟タイプ」に二タイプの木があるのだ。これはオニグルミと同じだ。イタヤカエデも「ヘテロダイコガミー」という開花様式を示すようである。オニグルミでは、両タイプがオスとしてもメスとしても同じくらいの繁殖器官への投資をしていた。そして花粉親としても種子親としても同じくらいの繁殖成功を収めていた。オニグルミの場合は相補的かつ安定的なシステムであることが推測されたが、イタヤカエデの場合はどうなのだろう。まだ詳しくは調べられていないが、同じカエデ科のハウチワカエデを研究していた浅井達弘さんは、雌雄異株への進化の途中ではないかという論文を公表している。雌花先熟タイプではどんどんメス化して種子の成熟に力を入れて、花粉生産は適当にしている。一方の雄花先熟タイプはオスに重点を移し花粉を飛ばすほうに特化し、後で咲く雌花ではあまり種子を作っていないようだ。きちんと調べてみたら、アカイタヤやイタヤカエデも雌雄異株への進化の途中なのかもしれない。

しかし面倒なことに、アカイタヤの成木を数多く調べるうちに、雄花だけを咲かせる個体や雄花、雌花、雄花の順に開花する個体まで出てきた。アカイタヤの開花様式は都合四つのタイプが見られることになった。イタヤカエデもほぼ同じである。こうして見るとカエデ科の樹木の開花パターンは複雑だ。その実態や進化の方向性の解明は、まだまだこれからなのである。

イタヤカエデの繁殖生態の調査は北海道林業試験場の実験林で朝早くに行われた。ボスの菊沢さんや浅井さん、水井さんなどは早朝五時頃からさまざまな広葉樹の花の開花から種子の成熟、豊凶そして埋土種子、種子発芽、芽生えの成長や生残を調べていた。三〇年以上も前のことである。当時、広葉樹の繁殖生態に関する教科書はまだ真っ白に近かった。何もかもが未知の領域であった。調べることがすべて新しく、調査は熱気に満ちていた。次々と出てくる新知見に、ボスの菊沢さんは毎日のように研究室内で研究発表をして議論しよう、つまり毎日ゼミをやろうと言いだした。しばらく週三回以上、ゼミをする日々が続いた。

臨機応変

さて、また芽生えの話に戻るとしよう。イタヤカエデの芽生えを毎週のように抜き取って見ていると面白いことに気づいた。発芽場所ごとに芽生えの形が大きく違ってきたのである（図6－5）。暗いミズナラ林で抜き取ったものは根の成長があまりよくない。そのわりに葉が大きく平べったくなってきた。逆に、明るい林縁で発芽した芽生えは根が太くて長く、地下部が大きくなってきた。そのわりには葉はあまり発達しない。その理由はきわめて簡単だ。林内は光が足りないので、少しでも多くの光を獲得するため葉の面積を増やす必要がある。一方、林縁では日光を遮るものがなく光量は十分なので葉を大きく広げる必要はない。しかし、林内より土壌が乾燥しやすいので、少しでも水分を求めて根を深く広く張る必要がある。植物は成長に必要な資源（光、土壌の水分、土壌の栄養分）のどれか一つでも不足すると、それが障害になって全体の成長が阻害される。そこで、もっとも足りないと思われる資源を獲得するための器官を優先的に大きくし、バランスよく成長していくのである。

このようにイタヤカエデはさまざまな環境に臨機応変に対応できる可塑性（かそせい）をもっている。暗い林

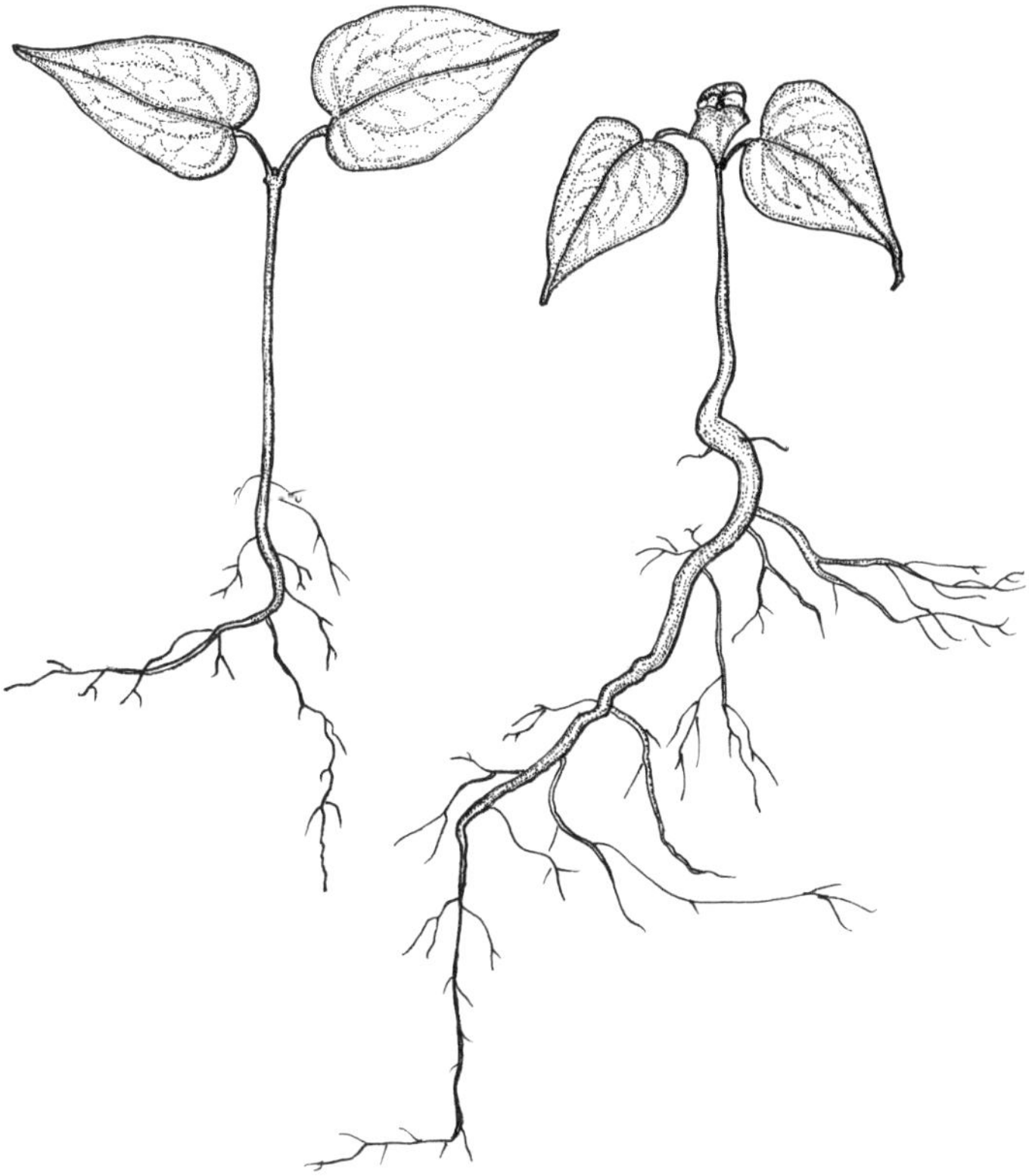

図6－5　環境に応じて「配分」を変える

秋に芽生えを抜き取ると、発芽した場所によって大きく形が違うことが見てとれる。ミズナラ林で発芽した芽生えは、根は短く細根もあまり発達していない（左）。そのわりには広い面積をもつ２枚の葉を開いている。

一方、林縁で発芽したものは展開した葉の面積はミズナラ林のものとあまり変わらないが、根は太く長く細根も発達している（右）。つまり、暗いミズナラ林では水分はあるが光は少ないので、乏しい資源を葉に配分し光獲得に重きを置く。対して、乾燥した林縁では根に多くの投資配分をし、水分の獲得に専念しているのである。

図6−6　大きなギャップで発芽したイタヤカエデの芽生え

イタヤカエデの種子を大きなギャップに播いてみた。落ち葉や小枝などのリターをそのままにしたところでは、芽生えは落ち葉を突き破って顔を出していた。一方、リターを剝いで鉱物質の土壌をむき出しにしたところでは、幼根は出すもののその先端が乾燥してほとんどが死んでしまった（上）。イタヤカエデは根を地中に張りさえすれば、明るいギャップでも次々と葉を展開し草本などとの競争にも負けずに旺盛に成長する（下）。

内でじっくり大きくなるだけではない。明るい林縁やギャップでも旺盛に成長して更新しているのを見ることができる（図6－6下）。ただ、鉱質土壌がむき出しの大きな撹乱跡地では乾燥が厳しいので発芽する際には大いに苦戦しているようだ（図6－6上）。だから、大きなギャップよりも落ち葉が堆積している小さなギャップや林縁のほうが定着しやすいようである。

たくましい老木

人の手がほとんど入っていない老熟林では、樹々がまばらに立っている。そのかわり、一本一本が太い。身近な里山や二次林ではあまり見られないようなとても太い木が見られる。急な斜面を草や低木につかまりながら登るとかなり太いトチノキがごつごつした太い根をどっしりと張っていた。さらに登り、なだらかな鞍部にさしかかると目の前に大きなイタヤカエデが現れた（図6－7）。随分と背の高い樹である。高さは二七メートルほどもあるだろう。少し斜めに傾いでいるようだがしっかりと揺るぎなく立っている。直径は七二センチもあった。

周囲の樹々との激しい競争の歴史を物語るように下のほうの枝がすべて枯れ落ちている。林冠を目指した太い枝もかなり高い位置で枯れたままになっている。それでもなお、この老木は上へ上へと明るい光を目指し太い幹を伸ばしている。そのうちのいくつかは林冠に到達しているので、少し

だけ安心しているのかもしれない。それにしても、森の中で長く生き延びるには、かなり歳をとってからも上へ伸びようとするたくましさが必要なようだ。この老木には、まだ伸びようとする〝気概〟が感じられる。

図6－7　イタヤカエデの老木

老熟林のなだらかな鞍部を歩いていると、背の高いイタヤカエデの老木が立っていた。少し斜めになっていたが、幹も太くしっかりと根を張って立っている。よく見ると、過去の長い苦闘の歴史が映し出されていた。下のほうの枝がすべて枯れ落ち、さらに、かなり高いところから出た太い枝も枯れている。これは、隣り合う樹々との光を巡る厳しい競争を物語っている。それでもなお、太い幹を上へ伸ばし明るい林冠を目指している。この老木には、さらに上へ伸びて生き抜こうとするたくましさが感じられる。

ウワミズザクラ――上溝桜

滑稽な花

東北では田植えが始まる五月頃、森の緑が急に濃くなる。山道でウワミズザクラの花が見られるのもこの頃である。白い穂状の花が道端に張り出している。よく見ると小さな白い花が数十個、細長い円筒状に集まっている（図7－1）。穂状花序といわれる。一つの穂が一〇センチから長いものでは二〇センチもある。たくさんの長い穂があっちこっちに勝手に向いて緑の樹冠から突き出しているさまは滑稽な感じさえする。大量に花が咲き乱れる様子は山間地に初夏の訪れを告げる風物詩である。

図7−1　ウワミズザクラの穂状の花序

ウワミズザクラの穂状の花は遠くからでもよく目立つ。白い小さな花が数十個細長い円筒状に集まって１つの穂のように見える。一つひとつの花をよく見るとやはりサクラの花である。花弁が５枚、真ん中に雌しべがありその周囲に雄しべがたくさん見られる。下の花から咲きはじめ上のほうに向かって咲いていく。

鳥に種子を運んでもらう

サクラの仲間は紅葉が早い。ウワミズザクラも八月半ば頃から黄色くなりはじめ、少しずつ葉を落としはじめる。花が咲く頃には無傷できれいだった葉も秋には虫や病気にやられてかなり傷んでくる。果実も赤くなり、枝先についたたくさんの果実がだんだん目立つようになる。九月になると果実の皮（外果皮）が色鮮やかな赤から紫がかった黒に変わってくる（図7－2）。とたんに鳥たちがたくさんやって来て、黒熟したものだけをついばんでいく。中には甘いジューシーな果肉（中果皮）が満ちていることを知っているのだろう。鳥の砂嚢（さのう）を通過しても外果皮と中果皮だけが消化され、中の胚や子葉は堅い殻（内果皮）に守られ消化されることはない。鳥たちは腹の中に未消化の果実を詰めこんだままどこかへ飛んでいく。多分、他の木の枝に止まって糞でもするのだろう。そして種子は土の中で春がくるのを待つのである。

それにしても、ウワミズザクラの親木は鳥に種子を運んでもらうため果皮（外果皮、中果皮、内果皮）にたくさんの資源を投入している。こんなに投資してまで、なぜ種子を遠くに運んでもらう必要があるのだろう。その答えを見つけたのは栗駒山（くりこまやま）のブナ林であった。それも偶然のことだった。

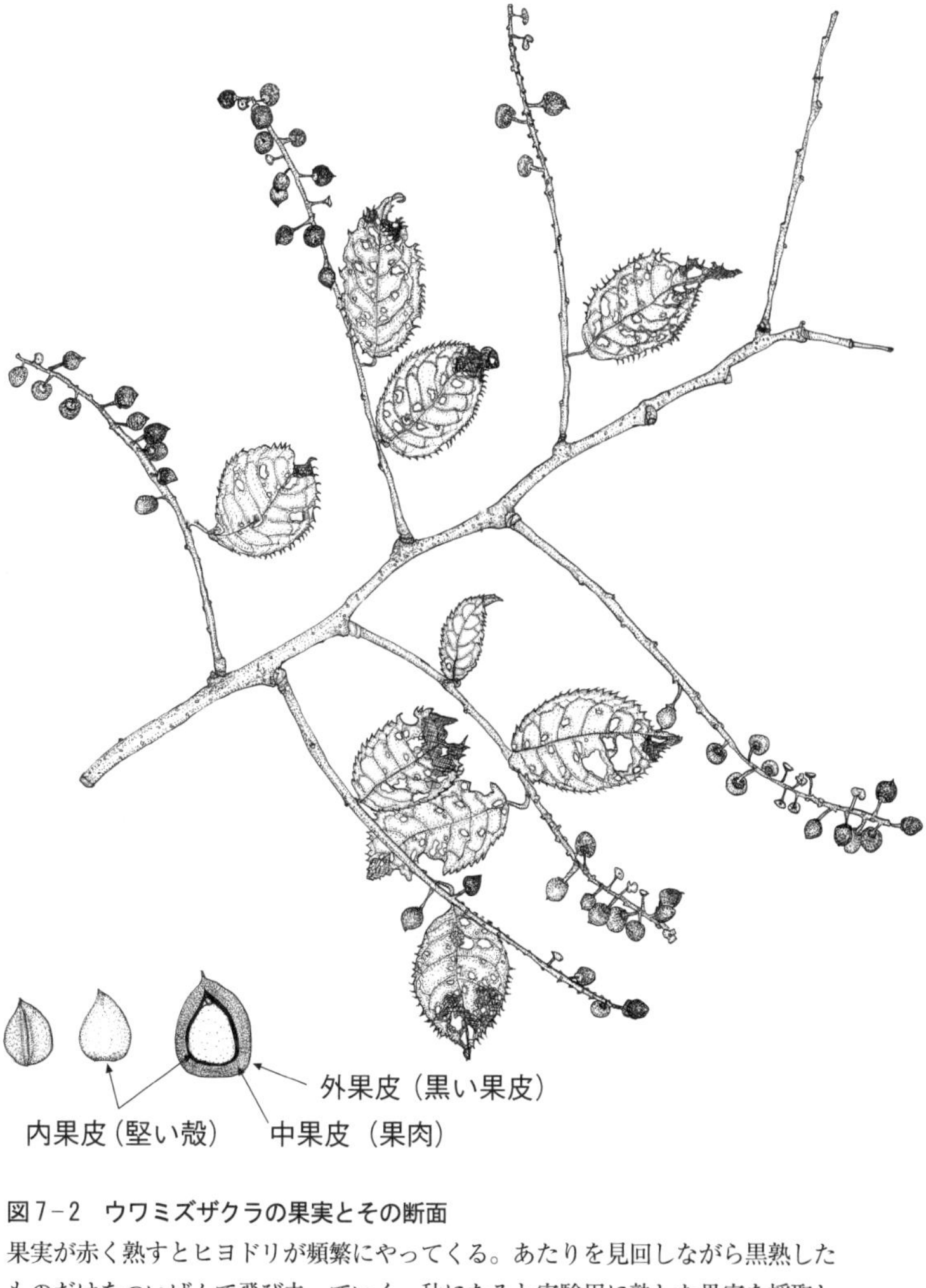

図7-2　ウワミズザクラの果実とその断面

果実が赤く熟すとヒヨドリが頻繁にやってくる。あたりを見回しながら黒熟したものだけをついばんで飛び去っていく。秋になると実験用に熟した果実を採取しに出かけるが、いつも鳥たちとの争奪戦である。ウワミズザクラの親木はきれいな色彩の外果皮とみずみずしい果肉（中果皮）で鳥たちを誘っている。しかし、堅い殻（内果皮）で子供の体（子葉や胚）を鳥の消化液や砂嚢(さのう)から守って、無事に遠くまで運んでもらっている。

ジャンゼン－コンネル仮説に気づく

栗駒山のブナ林にはブナやノリウツギなどの調査でよく通った。鳴子温泉にある東北大学のフィールドセンターから車で北に一時間、さらにサワランやウメバチソウなどが咲く湿原を四〇分ほど歩くと鬱蒼とした老熟林に到着する。ブナもさることながら、ブナよりも数段大きなミズナラの巨木が目を引く。数は少ないが樹冠の広がりは見事である。他にもホオノキ、トチノキ、アオダモなどに混じってウワミズザクラもちらほら見られる。太いウワミズザクラの下で昼食をとることにした。そこには足の踏み場もないほど芽生えが敷き詰められていた。鳥に運ばれないで親木の下で発芽する種子が存外多いようだ。発芽したばかりの可愛らしい芽生えをなるべく踏みつけないように弁当を広げた（図7－3）。

翌年も同じところで昼飯をとることにした。しかし、何か変だ。あれだけあったウワミズザクラの芽生えがまばらだ。大部分は死んでしまったのである。しかし、親木から離れたほうに歩いてみるとしだいに大きな稚樹が見られるようになった。「実生は親木の下では生き残れない。しかし、親木から離れると大きくなれる！」。種子が鳥に散布してもらわなければならない理由がわかったような気がした。それだけではない。これはジャンゼン－コンネル仮説そのものだ。熱帯林の種の多様性を説明するモデルとして、一九七〇年にダニエル・ジャンゼンらが提唱したものだ。彼らに

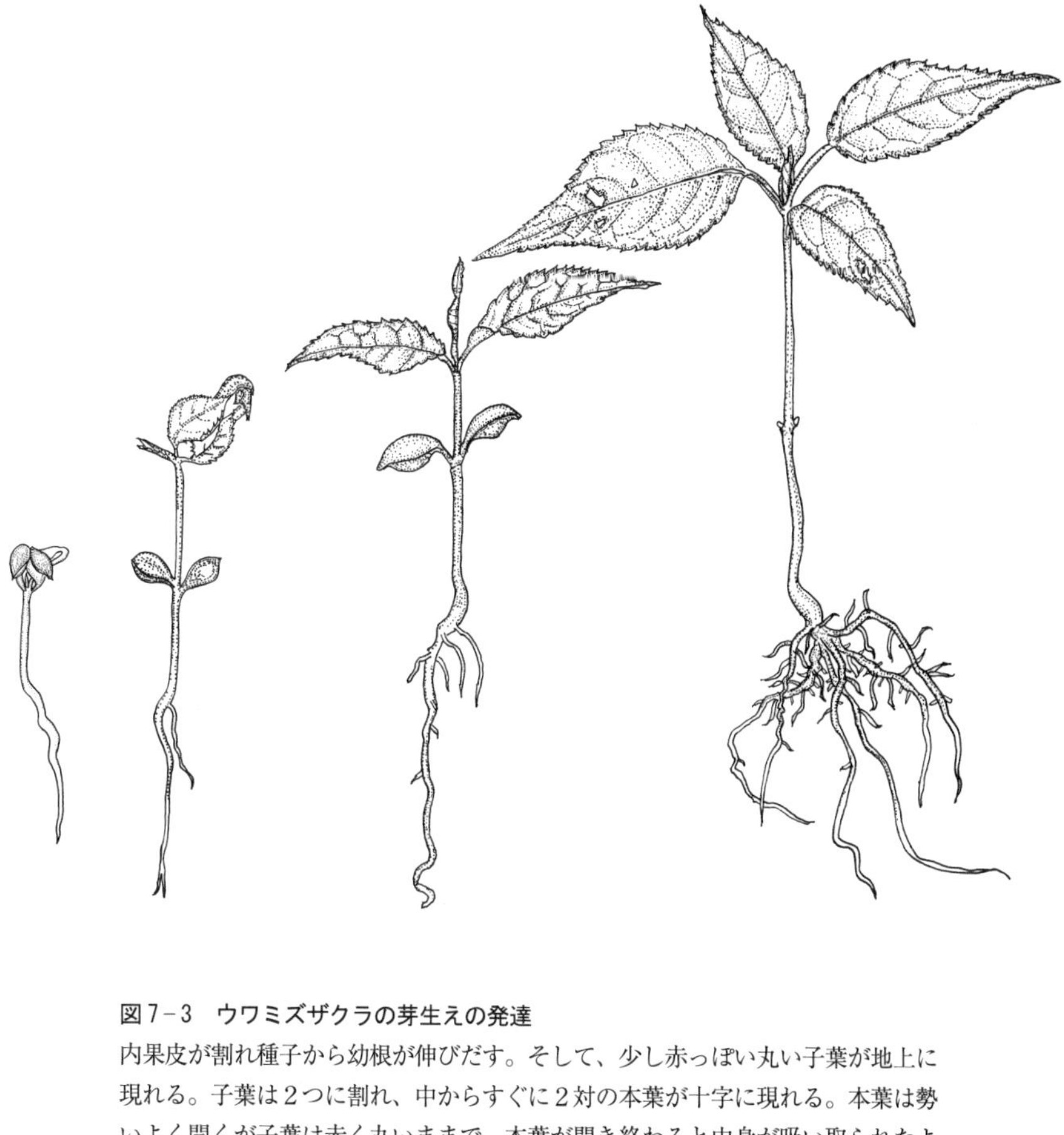

図7－3　ウワミズザクラの芽生えの発達
内果皮が割れ種子から幼根が伸びだす。そして、少し赤っぽい丸い子葉が地上に現れる。子葉は2つに割れ、中からすぐに2対の本葉が十字に現れる。本葉は勢いよく開くが子葉は赤く丸いままで、本葉が開き終わると中身が吸い取られたように萎縮して落下する。子葉は幼根を伸ばし本葉を開くための養分供給の役割だけを担っているのだろう。光合成はほとんどしていないようである。

よると「親木から散布された種子は親木の近くでは数は多いものの、そのほとんどが昆虫などの捕食者や病原菌などの天敵によって死亡してしまう。しかし遠くに散布された種子や実生は生き残る。また天敵が親木の子供（同種）を強く攻撃し、他種の実生はさほど強く攻撃しないといった〝種特異性〟をもつ場合は、親木の下では自分の子供（同種）の代わりに他種が生き残り、種の多様性が作られる」というものである。これが温帯林でも成り立つかもしれない。さっそく、詳しく調べてみることにした。

親の下では生き延びることができない

「ジャンゼン－コンネル仮説の検証」を修士論文のテーマに決めた田村芳子さんと、雪解けを待って栗駒の森に調査に出かけた。森の中をくまなく歩き、五本の太いウワミズザクラを探し出した。それぞれの親木の下で芽生えを数えてみると一平方メートル当たり平均で二八〇個もあった。局所的には七四〇個も見られた場所もあった。まるで、芽生えの絨毯（じゅうたん）である。しかし、梅雨に入ると茎の部分が黒く萎縮し次々と死にはじめた。いわゆる「立ち枯れ病」だ（図7－4）。親木の下では芽生えの四割がこの病気で死んでしまった。

それだけではない。梅雨明け頃から今度は葉に角張った茶色の斑点がたくさん見られはじめた。

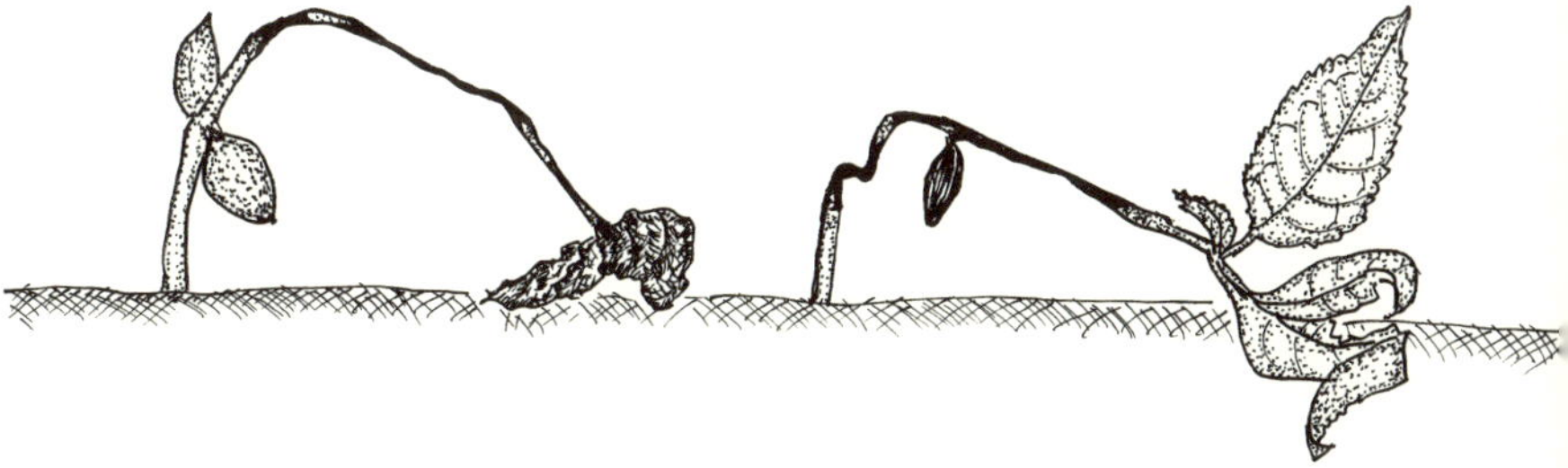

図7−4　立ち枯れ病で枯死するウワミズザクラの芽生え

ウワミズザクラの芽生えは発芽直後はとても元気だ。林冠木の葉の展開前に発芽し、春先にたくさん光合成をし、つやつやとした緑の葉を見せている。

しかし、じめじめした梅雨に入ると様子は一変する。土壌や落ち葉の間で越冬していた立ち枯れ病菌が活発に活動しはじめ、片っ端から襲いかかってくる。芽生えは子葉の下の茎（下胚軸）や子葉と本葉の間の茎（上胚軸）が萎縮して倒れて死んでしまう。親木の下の落ち葉の中や土の中には立ち枯れ病菌がたくさん隠れているのである。

するとまもなく葉を落とし、主軸が黒っぽくなって死んでしまった。森林総合研究所の佐橋憲生さんに調べてもらったら「ウワミズザクラの角斑病」だという。角斑病は、まず親木の葉に感染し、その病葉が芽生えに落下し感染する。たとえ立ち枯れ病を免れたとしても、角斑病に感染して死んでしまうものが多く見られた。このように親木の下ではたくさんの芽生えが発生するが、生き残るのは翌春までが二割、翌々年までは一割以下となる。親木を中心とした半径三メートル内の個体を調べてみると最高で七歳で、稚樹の高さも二〇センチに満たなかった。親木の下では大きくなれずに早く死んでしまうようである。

親から離れてはじめて大きくなれる

しかし、親木から離れると大きな稚樹がちらほらと現れはじめる。数はグンと減るものの遠くに行くほど大きな稚樹が見られるようになる。高さ四〇センチを超える稚樹は親木の下（親木から半径三メートル内）では一本も見られないが親木から六メートル以上一〇メートル以内の同心円内では一〇〇平方メートルに一〇本ほど見られた。さらに親木から一六メートル以上二六メートル以内の同心円内では高さが一・五メートルを超えるような大きな稚樹も見られるようになり、その密度は一〇〇平方メートルに二本ほどだった（図7－5）。このように親木から遠く離れると子供はさ

図7−5　林床で待機するウワミズザクラの稚樹
ウワミズザクラの稚樹は親木から離れるにつれ大きいものが見られる。それでも、１本の幹がまっすぐに伸びているものは少ない。みな、株立ちしていて高さは２～３ｍで止まっている。絶えず古い幹を枯らし新しい萌芽幹を出している。まるで大きくなりたくないようだ。新しい萌芽幹は斜めに伸び、そこからシュートを横に伸ばし、平べったい葉層を形成している。弱い光をなるべく多く受け取ろうとしているのである。

らに大きくなることができる。その理由はきわめて明白だった。「親木から離れるにしたがって立ち枯れ病や角斑病に感染して死ぬ個体がだんだん少なくなる」からである。

このようにウワミズザクラでは遠くに散布された子供たちだけがすくすく成長する。逆にいえば、鳥に種子を運んでもらわなければ生き延びることができないのである。

温帯林も熱帯林と同じ仕組み

種子は親木の周囲にたくさん散布されるが、親木から遠くなるほど少なくなる。もし、近くに散布された子供も遠くに散布された子供も同じ確率で生き残り大きくなるとすれば、一つの親木を中心に子供たちが同心円状に広がっていく。つまり、特定の種が寡占するようになる。

しかし、「親から離れた子供だけが大きくなる」とどうなるか。親と子供の間にぽっかりと空いた隙間に他の種が入りこむことができる。そうなれば一種だけで空間を独占しないで他の樹種と混じり合いながら生育するようになる。このようなことが一つの森の中のたくさんの樹種で同時に見られるならば、多くの樹種が共存できるようになり、種の多様性が創られていくのである。ダニエル・ジャンゼンはすでに四〇年以上も前に熱帯の森でこのことに気づいていたのである。

稚樹の平たい樹冠

ウワミズザクラの稚樹は親木から離れたところで順調に育つが、それでも森の中では二～三メートル以上には育たない。林冠に向かって二〇メートルほどの高さまで育っていくには林床は少し暗すぎるのだ。木が倒れて強い光が差しこめば明るくなるが、ギャップに遭遇する機会はそうそうやってくるものではない。しかし、ウワミズザクラは弱い光を利用しながらじっと耐え、明るくなるときを待っている。待つすべをいくつも身につけているのである。

一つは単層の平たい樹冠である（図7－5）。林床では、上から降り注ぐ光をなるべく多く受け取るには葉を一列に平たく並べたほうがよい。そのため幹を少し斜めに傾げて、それぞれの幹から出た葉層が互いに重ならないようにしている。つまり、互いに光を遮らず陰を作らないようにしているのである。さらに、古くなった幹はそれ以上伸びたり太ったりしないように枯らしてしまう。呼吸による炭素消費量が増えるのを防ぐためである。そのかわりに新しい細い萌芽を次から次へと出し、葉の面積だけは維持している。つまり炭素の支出を増やさないため太い幹を枯らしながらも、炭素の収入は維持しようと一定量の葉面積は維持しているのである。綱渡りのようにギリギリのところで個体全体の炭素収支のバランスを保ちながら、暗い林床で生き延びているのである。

春出した枝を秋に落とす

もう一つ、暗い林内で生き延びるため、ウワミズザクラは樹木とは思えないような振る舞いをする。それは、春に作った新しい枝、つまり当年生の枝（シュート）のほとんどをその年の秋に落としてしまうのである。秋にウワミズザクラの枝を見るとシュートの脱落痕（落枝痕）がたくさん見られるのはそのせいである（図7－6）。

秋にシュートをつけたままにすると、そのシュートにまた新たに冬芽ができて、翌年そこから新しいシュートが伸びてくる。そうすると、枝を広げながら個体はどんどん大きくなっていく。細いシュートもいずれ太い枝となり毎年肥大して呼吸量が増していく。そうすると暗い林内ではたいした収入（光合成産物）もないので炭素収支が悪化し破産してしまう。そうならないために、秋には葉と一緒に細いシュートを落として、現状維持を決めこんでいる。こぢんまりとした平べったい形を維持したまま暮らしているのである。

このようにウワミズザクラは、古い幹を枯らしたり、新しいシュートを落としたりしながら非同化部分の呼吸消費量を極力抑えて、森の暗い林床で生き延びようとしている。これがウワミズザクラの暗い林内での「省エネ耐陰生活」である。

図7-6　ウワミズザクラのシュートの脱落痕（左）と新葉の展開（右）
ウワミズザクラの枝をよく見ると冬芽のそばに丸い穴のようなものが見える。シュートが脱落した痕跡（落枝痕）である。毎年、シュートを脱落させるので、太い枝では痕跡が重なり合っている。
ウワミズザクラは5～7枚の葉を春先に一斉に開く「一斉開葉型」である。新葉が出てくるのは雪解け間もない、まだ森が明るいときである。春の明るい日差しのもとで、少し光沢のある薄緑色の葉が出てくる姿はとても美しいものである。

「もったいない」は森の常識

ウワミズザクラに限ったことではないが樹木は倹約家である。秋に葉を落とす際も栄養豊富な葉をそのまま捨てずに窒素を枝に回収してから葉を落とす。落葉広葉樹は全窒素量の七五～八〇パーセントを回収するというからけっこうな倹約家である。ただし、根粒菌と共生する「ケヤマハンノキ」はほとんど回収しないことはすでに述べたとおりである。

ウワミズザクラの葉の色の変化から窒素が回収される様子を見てとれる（図7－7）。葉から回収した窒素はシュートを経由し、一年生枝（二年生枝以上の場合も多い）に回収していると思われる。そして太い枝や幹や根に貯蔵される。養分を吸い取った後は、葉を落とし、次いでシュートも落とす。獲得した資源は節約するのが自然の流儀なのだ。「もったいない」は人間も見習うべき森の常識なのである。

この世の春

耐陰生活を送っていたウワミズザクラの稚樹も、ギャップができ明るくなると上のほうにぐんぐん伸びていく。今度は、シュートは落とさない。毎年新しいシュートを古いシュートの上へ積み重

図7-7　ウワミズザクラの葉からの窒素の回収
ウワミズザクラの稚樹は秋にシュートを落とす前に、葉から窒素を回収している。その様子は葉の色の変化を見るとよくわかる。9月の半ば、葉の色は緑から黄や赤への変化が始まる。葉緑体の窒素が回収され、夏に作ったカロチノイドの黄色やアントシアニンの紅色などが浮かび上がってくる。
色の変化の仕方はさまざまだ。葉の付け根（基部）のほうから緑色が薄くなり黄色に変色し、黄色が葉の先端に向かっていくものもあれば、葉の主脈の右側から黄色になっていくものもある。主脈を中心に緑色が残り、縁のほうから黄色や紅色になって、両側から窒素の回収が進んでいるものもある。葉から回収した窒素はシュートを経由し、もとの枝に回収される。窒素を回収し終わると、まず葉を落とし、それと前後してシュートも落とすのである。

ねながらどんどん高みに登っていく（図7−8）。そして樹冠に到達し花を咲かせるのである。

樹冠層で花を咲かせている樹の年齢を成長錐で調べてみた。直径二七センチから三二センチまでの三本のウワミズザクラは七五年生から九三年生であった。細いわりには老齢である。一方、一番太い直径三八センチの木は意外に若く五七年生であった。多分、大きなギャップに遭遇したので成長が速かったのだろう。太いからといって必ずしも老齢ではないところが遷移後期種の面白いところである。いずれにしても苦労のかいあって、林冠に到達し花を咲かせているウワミズザクラは、とても嬉しそうに見える。まさに、この世の春である。

諦観——森の摂理にあえて逆らわない

しかし、いつまでも花を咲かせ続けることができるわけではなさそうだ。隣接する樹々が枝を伸ばし葉を茂らせてくる。

図7−8　老熟林のウワミズザクラの成木
東北の原生的な森の中を歩いていても、林床には1〜3ｍほどの稚樹はよく見られるが、林冠に達しているウワミズザクラにはあまりお目にかかれない。大きな木が倒れ明るい森の隙間（ギャップ）ができたときにしか大きくなれないからである。しかし、めったにないチャンスに遭遇したウワミズザクラは幸せ者である。ぐんぐん伸びて花を咲かせ実をならせ、子供を巣立たせることができるからである。
とはいえ、その期間も長くはないかもしれない。この絵の木は直径31cm、樹高約20mほどで林冠に達しているが、下枝は枯れ上がり、周囲の樹々との競争に晒されているようだ。

ウワミズザクラが下から伸ばした枝は再び暗いところに追いやられ、枯れてしまっている。周囲の樹々がジワジワと押し寄せ、ウワミズザクラの林冠は小さくなっていく。そんなとき、ウワミズザクラは萌芽を始める。根元付近に積もった落ち葉をかき分けてみると幹が横になって地面に接している。接地した太い幹からは次々と新しい萌芽が出ている（図7－9）。けっこう太く次世代を担えそうなものから、去年出たような新しいものまで何本も見られる。台風でへし折られたり人に伐られたりしなくとも、暗い森の中で新しい幹を出し続けるのである。多分、樹冠が縮小し葉が少なくなり、太い幹が維持できなくなったためである。呼吸にコストがかかるので細い幹に置き換えているものと考えられる。稚樹が暗いところで待機するのと同じような振る舞いだ。いわゆる「省エネ耐陰生活」へ逆戻りしようとしているところなのだ。

天然の森ではギャップはめったにできない。なかなか巡

図7－9　萌芽して生き延びるウワミズザクラ

ウワミズザクラのような背のそんなに高くならない木が暗い森の中で長く生き延びるのは大変なことだ。周囲の樹々との激しい競争に晒され、枝は枯れ上がり、樹冠は小さくなる。そうすると光合成をして炭素を吸収する葉の量が減ってしまう。

ところが、幹が太っていると、幹の重さ（表面積）に比例するといわれる呼吸量が増えるばかりだ。このままでは、葉による炭素の収入よりも幹の呼吸による支出がオーバーしてしまう。炭素収支のバランスを崩すと樹木は生きてはいけない。そこで、ウワミズザクラは、幹を減らすことにしたのである。太い幹を枯らし、そのかわりに細い萌芽幹を出し、まずは呼吸量を減らして生き延びようとしているのである。

ってこないチャンスを身を削りながら再び待とうとしているのである。けれども、ウワミズザクラに諦めや悲愴さはちっとも感じられない。どこかのんびりとした風情がある。おそらく、自分の身の回りでギャップができる確率を熟知しているのだろう。そして、いつか再び大きくなって花を咲かせる自信があるのだろう。

ウワミズザクラの一生を見ていると、「したたか」というより「しなやか」である。森の摂理にあえて逆らわない諦観といった余裕のある雰囲気をもっている。

春の山に浮き立つ

栗駒のブナ林には花を咲かせるような太いウワミズザクラは多くはない。一本見かけたなら、しばらく歩かないと他のウワミズザクラには遭遇しない。種子をつけるような大きな木は互いに離れて分布しているのである。つまり、成木の近くの実生は大きくはなれず、親木から遠くに散布されたものだけが稚樹として生き残り、さらにそれらはギャップができたときにだけ林冠木となる。したがって、太い木はお互いに離れて分布するようになるのである。

ウワミズザクラだけでなくサクラの仲間はみなそうである。宮城と山形を結ぶ高速道路や、宮城と秋田の山間地を抜ける鬼首道路などは広い山腹を横切って走るので、向かい側の山腹を広く見渡すことができる。春先に薄ピンクのオオヤマザクラやカスミザクラの花を探すとサクラの成木がどこに分布しているかが一目瞭然である。サクラの樹々は集中することなく、お互い離れてポツンポツンと分布しているのがよくわかる。うららかな春霞の山に薄ピンクがところどころに浮き上がって見える。東北の春ののどかさを感じさせるとともに森の仕組みの精妙さを思わせる風景である。

トチノキ——栃の木

巨木の群れ

東北の森の奥深くにはトチノキの老木がたくさん見られる。直径が一メートルを超える巨木も多く、山腹斜面の下のほうに立ち並んでいる（図8－1）。もっと下の渓流に近いところにはカツラやサワグルミ、オヒョウなどが見られる。斜面をさらに登るとブナやミズナラ、クリなどが増えてくる。

トチノキは枝も太い。直径三〇～四〇センチもある枝が横に長く伸びている。ところどころ、枯れたままになっている。落ちてきたらひとたまりもない。

図8-1　トチノキの巨木の群れ
人の手が入っていない森では太いトチノキが見られる。沢筋で巨木が立ち並んでいる姿はなかなか壮観だ。人が小さく見える。人間もたまには巨木の下に行き、彼我の大きさを比べてみるのもよいだろう。

巨大な種子

巨木の始まりは巨大な種子である（図8－2）。トチノキの種子は日本の落葉広葉樹ではもっとも重い。一個でだいたい二〇グラムもある。時に三〇グラムのものもある。大人の手の中にやっと収まるぐらいだ。小学一年生なら手にあまる。

種子は山地の渓流の中にもたくさん転がっている。少し水かさが増せば水に流されて下っていく。逆に斜面を登ることもある。アカネズミが斜面の上に運んでいるところを森林総合研究所の杉田久志さんたちは観察している。どうりで、親木のいない斜面の上のほうにも稚樹を見ることができるわけだ。それにしても自分の体重に近いものを咥えて何十メートルも登るのだからたいしたものである。

じつはネズミの種子散布がトチノキの実生や稚樹を生き延びさせているのではないか、という解析結果が得られている。高橋玲奈さんの卒業論文である。トチノキの成木は谷に近いところで数

図8－2　トチノキの果序と果実
秋には丸い果実がたわわに実る。大きな球形の果実が５つも６つもついた果軸は、驚いたことに上を向いている。自重に逆らって上向きに果実を実らせることができるのは太くて丈夫な果軸をもっているからだ。この果軸は、春に大きな花を上向きに咲かせるために必要な太い花軸に由来する。
秋にトチノキの下を歩くと丸い大きな果実があちこちに転がっている。分厚い果皮が開いて、つやつやした丸い大きな種子が顔をのぞかせている。

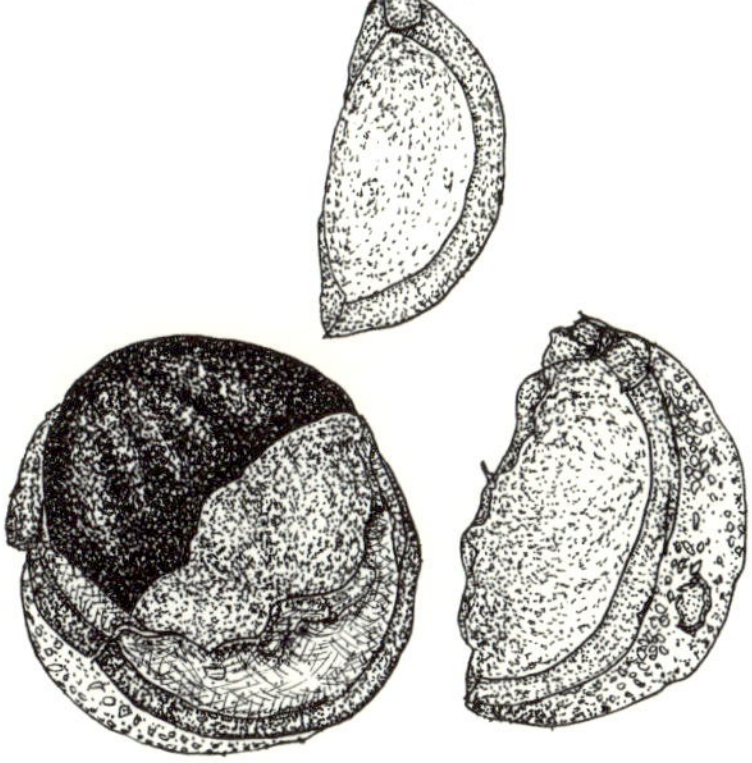

本から数十本の集団になって生育していることが多いが、そこではトチノキの実生や稚樹はほとんど大きくなっていない。せいぜい当年生実生が見られるくらいである。大きな稚樹は成木の集団から少し離れたところで見られる。ほとんどが沢に近い斜面の下部だが、トチノキの下ではなく他の木の下で見られる。理由はわからないがウワミズザクラのように同種の成木の下では天敵が多いのかもしれない。いずれにしても、ネズミが無理をしてでも大きな種子を運ぶのはトチノキにとってはとてもありがたいことだと感謝しているに違いない。

三尺玉の花火

トチノキの種子に貯蔵されている膨大な養分は芽生えを瞬く間に成長させる（図8－3）。ほぼ三～四週間で大きな複葉を四枚展開し、完成度の高い受光態勢が完成する。それにしても、見事に大きな芽生えの完成である。まるで三尺玉から打ち上げ

図8－3　トチノキの芽生えの発達

春に芽生えが地上に顔を出すや否や、あれよあれよという間に大きくなる。2～3週間後には30～40cmほどの高さに育つ。小さな葉（小葉）を5枚、手の平のように広げたのが1枚の葉である。それで「掌状複葉」と呼ばれている。

大きな掌状複葉をお互いに重ならないように十字に4枚開き、上からくる光をなるべく広い面積で受け取ろうとしている。このような完成度の高い受光態勢をわずか3～4週間で作り上げることができるのは、親木が大量の貯蔵養分を種子にもたせてくれたからである。暗い林内でも生きていけるようにとの親の祈りが聞こえてくる。

られた花火のような出来映えだ。

このようなトチノキの成長様式は、小種子をもつシラカンバやケヤマハンノキとは対照的である。すでに見てきたように、これら小種子をもつ種は五月に発芽してから九月末まで四ヶ月も成長を続けた。最初は種子が小さいので小さな葉しか出せないが、しだいに大きな葉を出してやっと大きくなることができた。そして、トチノキと遜色ない高さを稼いだのである。

「種子が大きな種ほど一斉に開葉し、短期間で伸長成長を完了する。しかし、種子が小さくなるにつれて新しい葉を開き続けながら長期間成長することによって大きくなれる」といった傾向がありそうだ。果たして一般的なことなのであろうか？　実際、明るい苗畑に北海道産の高木性の落葉広葉樹三二種の種子を播いて、一年間の葉の展開や成長パターンを調べてみたところ、予想通りであった。実生の成長パターンは種子の大きさによって決められているといっても過言ではないのである。その両極端がトチノキとシラカンバなのである。

かなりの頑固者――同じ振る舞いを一生続ける

トチノキの芽生えは種子の貯蔵養分に依存して大きくなるが、このような成長パターンは翌年も引き継がれる。一年生の実生になってもまた急激に伸長しながら大きな葉を一斉に開葉する。それ

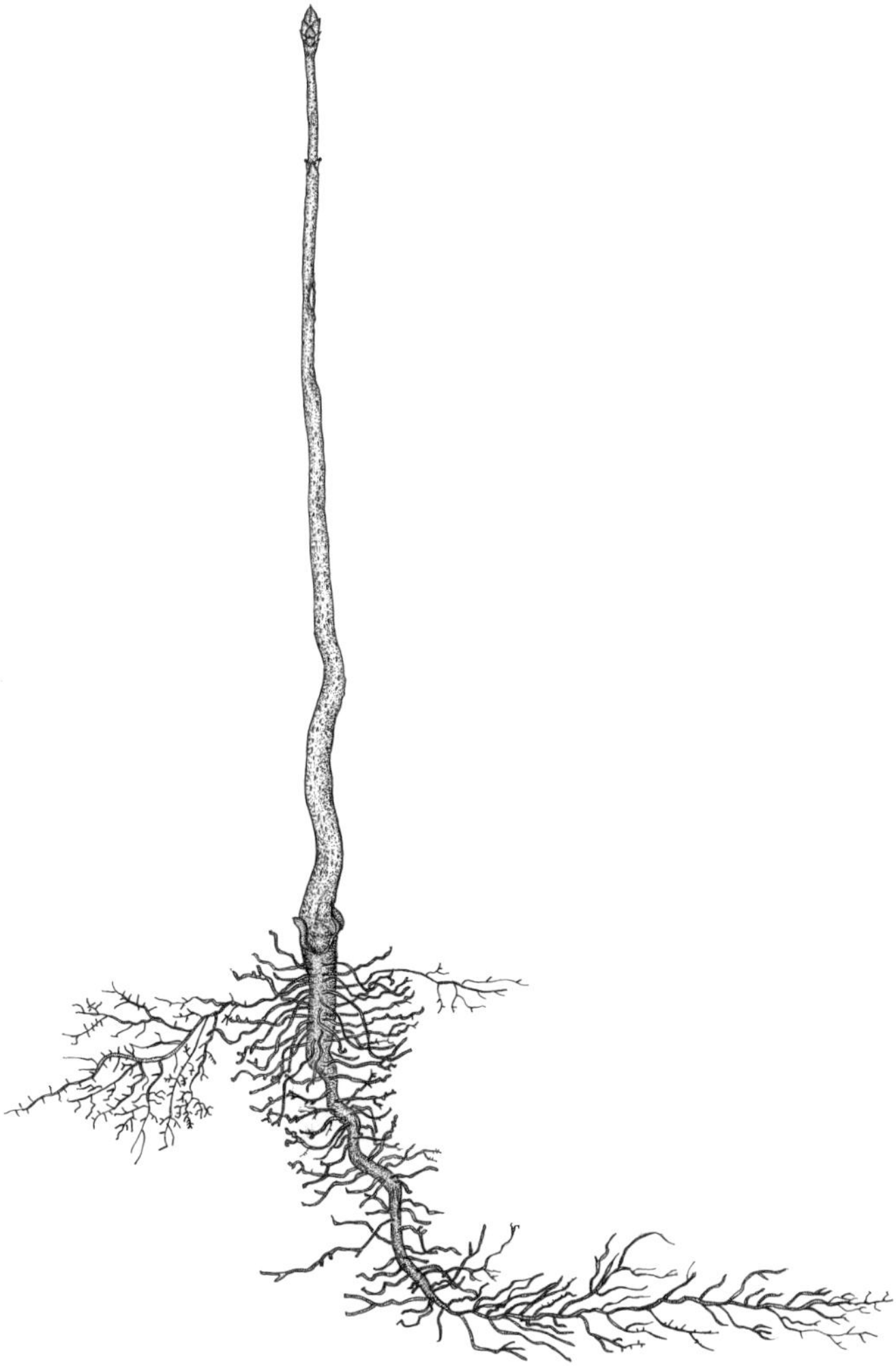

図8－4　秋に落葉したトチノキの芽生え

初冬に葉を落とした芽生えを掘り起こしてみた。枝もなくあっさりとした姿だ。ただ先端の冬芽、いわゆる「頂芽」が大きいのが特徴的だ。それに幹の下部や根の上部が立派に太っていることも目につく。ここに貯蔵した養分を使って、翌春もまた大きな頂芽から一斉に大きな葉を開くのである。

図8−5　トチノキの成木の開葉

成木の大きな冬芽からは大きなシュートが一瞬のうちに展開する。トチノキは芽生えの葉も大きいが、成木が開く葉は比べものにならないくらい大きい。小葉1枚の長さが20〜30cmもある。それが6〜7枚も集まった大きな掌状複葉を6対も立て続けに開く様子は壮観だ。まさに「春の爆発」ともいえるようなダイナミックなものである。60cmもの長さのシュートに6対計12枚の葉（掌状複葉）が互いに重なり合わないように配列されている。上の葉は小さく、下のほうの葉はだんだん大きくなる。そして一つひとつの複葉を支える葉柄は下のほうが長くなっている。上から降ってくる光をあますところなく利用しようとするきわめて合理的な構造である。

この絵は秋に描いたものだが、春早くから秋遅くまでこの姿のままである。葉は晩秋に一斉に枯れ落ちる。大きな葉は地面で「カサリ」と大きな音を立てる。

を可能にするために、発芽当年の芽生えはたくさんの貯蔵養分を根や幹に秋までに貯めこんでいる(図8－4)。

このような一斉開葉は若木になっても老木になっても続く。小さな個体も大きな個体も、みな同じように大きな冬芽をもち、大きな当年生の枝(シュート)を一気に伸ばしながら大きな葉をのびのびと一瞬で広げる(図8－5)。その速さは目を見張るばかりである。まさに「春の爆発」というようなダイナミックなものである。このようにトチノキは芽生えから老大木にいたるまで、頑固に一斉開葉を貫き通すのである。遷移後期種のカエデ類やミズナラなどの芽生えや稚樹は暗い林冠下では短期間で一斉に葉を開き終えるが、ギャップや林縁など明るい場所では、その後も長い間葉を展開し続け大きく成長する。環境に対して可塑的に応答できるため、暗い林内だけでなく明るい場所でも更新し、遷移後期種ではあるが広いハビタットをもつ。ところが、トチノキは明るい場所でも暗い場所でも一瞬で葉を展開し終え、場所によって変化することはない。

遷移後期種の多くは小さい芽生えが最初に葉を開き、大きくなるほど遅く開くものが多い。たとえばイタヤカエデやヤマモミジなどのカエデの仲間や、オオヤマザクラなどのサクラの仲間である。ハルニレもそうだ。しかしトチノキは生まれたての芽生えも、高さ二～三メートルの稚樹も、そして林冠に達した成木まで、ほぼ同じ時期に葉を開きはじめる。

トチノキは老いも若きも、またどこで暮らそうが、同じような振る舞いをする。トチノキの辞書

図8－6　トチノキの巨木

老木になるとトチノキは厳つくなる。根元のほうでは分厚い樹皮がめくれ上がり、ごつごつした肌が露わになる。見上げれば、直径１ｍを超える幹から空いっぱいに無数の太い枝を張り巡らしている。その広がりは見ていていつまでも飽きることがない。そこには人間の時間をはるかに超えた「老木の時間」がある。

には「臨機応変」という言葉は存在しないようだ。かなりの頑固者だ。大きな種子と大きな冬芽を用意し、徹頭徹尾、「春の爆発」にこだわる。春先の「大きな葉の展開」にこだわっている。遷移後期種として、老熟した森の中で自分のやり方を貫いて生きているのである。

老木の時間

トチノキはどれくらい長生きなのだろう。高橋玲奈さんが成長錐で穴を開け、中からコアを取り出し年齢を数えた。調べた中で一番太いのは直径六二センチで、その樹齢は二七〇年であった。それより太いものは材が堅く成長錐をネジリ入れるのが困難だったり、中の空洞部分が大きすぎて推定できなかったりした。細いものから太いものまで数十本調べ、そのデータから巨木群の樹齢を推定してみた。一番太い木は直径一二〇センチ、高さは二六メートルほどで斜面の中腹にどっかりと構えている（図8－6）。推定すると樹齢は五〇〇年を超えていた。

奥山の味

トチノキは花も大きい（図8－7）。急な山腹斜面を横切る新しい林道から谷筋をのぞくと、下

図8−7　トチノキの大きな花序

トチノキは花も大きい。長さ20cmほどの大型の円錐状花序をつける。１つの花序の中に雄花と両性花が数十個混生している。白地にピンクや黄色が混ざった大きな花序が大木の樹冠のあちこちから顔をのぞかせて咲くさまは壮観である。

のほうからトチノキの大木が伸びてきている。たくさんの大きな花が間近に見え、多くのミツバチやマルハナバチが集まっていた。羽音が聞こえてきそうだ。何ともいえず豪勢な雰囲気に包まれている。毎年、近くの商店でトチ蜜を買って帰る。馥郁（ふくいく）とした奥山の味がする。

トチノキの花はとてもきれいである。色彩豊かな大振りの花が樹冠一面に咲きだすととても華やかに見える。街にもトチノキをたくさん植えれば「トチノキの花見」ができるだろう。五〇年、一〇〇年と伐らずにおいたら街の中でも蜂蜜が大量に採れ、果実を拾って栃餅も作れる。街にいながらにして山村の楽しみが味わえるだろう。何よりも、トチノキは巨木になると野生の息吹を全身から漂わせてくる。これから、ますます無機的になっていくであろう都会には是非必要な木である。巨木になって人間を見守ってほしいものだ。

ミズキ——水木

身近な木

ミズキの材は白くきめが細かい。宮城の鳴子温泉ではコケシや独楽（こま）によく使われる。削りやすさと絵付けのきれいさによるものだという。独楽の軸は擦り減りやすいので堅いイタヤカエデを使っていた。

ミズキの枝はきれいな赤紫色である。東北では小さな餅を枝先に飾って正月飾りに使う。年の暮れに裏山の畑で蔵王（ざおう）連山を眺めていると、遠くから赤紫色の束が近づいてくる。近所の農家のオヤジさんがミズキの枝を山のようにたくさん抱えていた。東北地方ではとても身近な木である。

湧き出た白い雲

ミズキの芽生えも親木の下では生き延びることができない。ウワミズザクラと同じだ。だから親木は子供を遠くに旅立たせる努力を惜しまない。その準備は、純白の花を大量に咲かせるときから始まっている（図9－1）。

純白の花のかたまりは緑の葉層から湧き出た雲のようだ。ミズキの枝は幹から水平に伸び、そこに緑の葉がきれいに並ぶ。その上に白い雲がポカリ、ポカリと浮かんでいるように見える。緑と白のコントラストがとてもきれいで、昆虫たちもすぐに集まってくる。たくさん花粉を運んでもらえれば、その中から良質な花粉を選べるので健康な子供（種子）をたくさん作ることができる。また、自分の花粉を遠くの木に運んでもらうことで父親としてもたくさん子供を作ることができる。果実がたくさん実ると目ざとい鳥たちが見つけて果実を食べに来る。結果的にたくさんの種子が遠くに運ばれるので、生き延びる子供が増えることに繋がるのである。

赤から黒に熟す果実

ミズキは枝もきれいだが果軸もなかなかである。赤みを帯び、珊瑚（さんご）のような枝分かれを見せる。

図9−1　小さな白い花がたくさん集まったミズキの花序

一つひとつの花はとても小さく幅が1 cmほどだ。白い4枚の花びらから長い雄しべが4本突き出している。先端には淡黄色の葯が見える。花の大きさに少し不釣り合いなくらいに長いものもある。真ん中に少し短いクリーム色の雌しべがある。このような小さな花が数十個集まって1つの花序を作っている。花序は平べったい半球形になる。「集散花序」と呼ばれる。

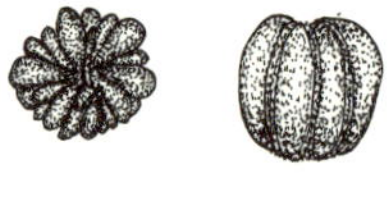

図9－2　ミズキの果実

ミズキの枝は赤紫色でとてもきれいだが、その先端につく珊瑚（さんご）のような枝振りの果軸も赤い色合いがことのほか鮮やかである。さらに果軸の先につく果実も熟し加減で色が違っている。未熟な薄緑色から薄紅色、そして黒く熟したものまでさまざまである。秋のミズキの枝先はさまざまな色が混じり合ってとても華やかである。

下の果実の絵は鳥の消化管を通過して果肉が消化された後の姿で直径５mmくらいである。堅い内果皮の中に種子が１～２個入っている。

その先に丸い果実がたくさんつく（図9－2）。七月初旬、果実はまだ未熟な薄緑色をしているが、下旬になると薄い赤みがさして緑葉の上で目立ってくる。種子の中で胚はまだできあがっていないはずだが、この頃からヒヨドリがときどき見回りに来てはたまについばんでいく。八月になると少し黒みがかってくる。枝の先も重みで少し垂れ下がってくる。下から見上げてもわからないが、上から見下ろすと黒が目立ってきて、ヒヨドリも頻繁にやって来る。果実の熟れ具合を見定め、ついばんでいく。人の目の前にも平気で飛んでくる。気づいてはいるようだが気にする様子もない。でも、すぐに飽きてどこかに飛んでいってしまう。行ったり来たりして落ち着かない。しかし親木にとっては、ずっと居座って食べ続け、下に糞をされるよりも飽きてどこかに行ってもらったほうがよい。芽生えは親木の下ではほとんど生き残れないからである。

樹種の置き換わり——多種共存の始まり

鳥が頻繁にやって来ても、運ばれず親木の下に落ちる果実のほうが圧倒的に多い。ネズミがやって来ては堅い内果皮に穴を開けその場で食べてしまう。それでも豊作年の翌年と翌々年にはたくさんの芽生えが発芽する（図9－3）。ミズキの種子は散布翌年に発芽するものと翌々年に発芽するものがあるからだ。

図9－3　ミズキの芽生え
子葉の葉脈も本葉の葉脈も緩やかな曲線を描いている。水滴を載せて輝くさまはとてもみずみずしい。雨の日がよく似合う芽生えである。

芽生えは梅雨が嫌いだ。立ち枯れ病に罹(かか)り、軸が黒く萎(しお)れて死んでしまうからだ。親木の下で発芽した芽生えの四割近くもこの病気で死ぬ。その後も恐ろしい葉の病気が襲ってくる。したがって、親木の下では稚樹は一本も見られない。しかし、親木から一五メートルほど離れると高さ二メートルほどの大きな稚樹が見られるようになる。離れると発芽する芽生えの数は少ないが、病気による死亡率もグンと下がるからである。ウワミズザクラと同じように鳥に遠くまで運んでもらった子供だけが生き延びることができるのだ。ミズキもウワミズザクラ同様にジャンゼン－コンネル仮説が成立しているようだ。

しかし、ウワミズザクラもミズキでも、遠くに子供を飛ばしてやるだけでは森の中で多くの樹種が共存できるとはいえない。むしろ親木の下が将来どうなるかが問題だ。自分の子供が死んでも他種の子供が生き残らなければ、親木の下はただの空白地帯になってしまうからだ。つまり、親木の近傍で同種から他種への置き換わりが起きる必要がある。それには「親木の下で活動する病原菌は、同種は死滅させるが他種の実生はあまり強く攻撃しない」という条件がつく。つまり、病原菌が「樹種の選り好みをする」といった、いわゆる「種特異性」をもつことが前提となる。ミズキの親木の下の土壌や落ち葉の中に隠れている病原菌が「同種の実生だけを選択的に強く攻撃する」といったことはあるのだろうか。

そこで、ミズキの木の下にミズキだけでなくウワミズザクラやアオダモといった広葉樹三種の種子を同時に播いて、芽生えの死亡率を比較してみた。発芽直後はどの種の芽生えも元気だった。しかし、林冠木が葉を出し林床が暗くなると少しずつ枯れはじめ、梅雨の頃になると大量に枯れはじめた。立ち枯れ病である。軸から黒く萎縮して枯れるものから葉が縮れたようになるものまである（図9－4）。よく見てみると、やはり、一番枯れているのはミズキである。ウワミズザクラやアオダモはけっこう生き残っている。病斑部分から病原菌を単離してよく調べてみると、どの種の実生からもコレトトリカム－アンスリサイという病原菌が一番多く検出された。どうもこの菌がミズキに対する「種特異性」を発達させているようである。

コレトトリカム－アンスリサイは森の中のどこにでもいる菌である。そして少なくとも三種の芽生えを攻撃する多犯性の病原菌だ。しかし、ミズキの親木の下で毎年のように芽生えてくるミズキの子供だけを攻撃しているうちに、ミズキに対して強い毒性を発達させたのではないか。この疑問を解くには接種試験しかない。大学院生の山崎実希さんの用意周到な接種実験が始まった。

局所適応

接種実験そのものは単純だが、それまでの準備が大変だ。異なる樹種の木の下からコレトトリカム－アンスリサイの菌株を採取しなければならないからだ。それも立ち枯れ病を引き起こしている

図9－4　ミズキの成木の下で立ち枯れ病に感染した芽生え

ミズキの成木の下にミズキ、ウワミズザクラ、アオダモの３種の種子を播いた。翌年、発芽した芽生えは梅雨に入ると立ち枯れ病でバタバタ死にはじめたが、死亡率はミズキがもっとも高かった。なぜならば、立ち枯れ病菌の中でも一番頻繁に見られるコレトトリカム－アンスリサイという菌がミズキの実生を特に強く攻撃していたからである。つまり、この菌は親木の下で「種特異性」を発達させていたのである。

芽生えから単離しなければならない。多くの樹種から菌株を採取するにはやはり人工的に種子を播いたほうが確実である。

そこで、まず、ミズキ、ウワミズザクラ、ホオノキ、アオダモといった普通に見られる広葉樹四種の種子を採取し、それぞれの成木の下に同種の種子を播いた。ミズキの下にはミズキの種子を、ウワミズザクラの下にはウワミズザクラの種子を播くといったふうにである。翌春発芽した芽生えを毎週のように観察し、立ち枯れ病で死んだ個体からコレトトリカム－アンスリサイの菌株を単離した。さらに培養して、それぞれの菌株をウワミズザクラとアオダモの芽生えに接種した。こういった段取りを山崎さんはとても手際よくやっていた。

予想通り、ウワミズザクラの芽生えに対する毒性はウワミズザクラの成木下で死んだウワミズザクラの芽生えから単離した菌株がもっとも強かった。ミズキ、ホオノキ、アオダモの芽生えから単離した菌株はウワミズザクラにはあまり強い毒性を示さなかった。同様に、アオダモの芽生えに対してもアオダモの成木下で死んだアオダモの芽生えから単離した菌株がもっとも強い毒性を示した。つまり、同種由来の菌株がもっとも強い毒性をもつことがわかった。逆にいえば、ウワミズザクラの親木の下のコレトトリカム－アンスリサイはミズキやホオノキ、アオダモの芽生えに対してはあまり強い毒性をもたないのである。これは、コレトトリカム－アンスリサイが樹種を識別して攻撃していること、つまり「種特異性」をもつことを意味している。

この菌は広い森の中のどこにでもいる菌だが、親木から半径一〇～一五メートルほどの狭い範囲でその親の子供に対する強い毒性を発達させているのである。生態学では「局所適応」とも呼ばれる。つまり、親木の下の地上には毎年のように種子が大量に落ちて芽生えも大量に発生する。親木が生きている数十年、時に数百年もの間エサとなる芽生えはいつも親木の下に供給される。しかし、同じ母親の子供である限り芽生えの遺伝的組成は大きくは変わらない。花粉親（父親）が少し替わるだけである。一方、病原菌はどんどん世代交代し、絶えず遺伝子を組み換えてウワミズザクラの芽生えを攻撃しやすいように毒性を発達させているのである。病原菌は樹木に比べ世代交代の速度が圧倒的に速いので、樹木の近傍で独自の発達を遂げているのである。

森の中のどこにでもいて樹種を問わずどの芽生えでも攻撃する病原菌は多い。しかし、コレトトリカム－アンスリサイのように種特異性を示すものであれば種の置き換わりを促し、森林の種多様性を創る大きな力になる。多くの樹種が共存する森は、種子を運ぶ鳥たちや土の中の病原菌などさまざまな生き物との関係によってできあがっているのである。

真上から降ってくる恐ろしい病気

ミズキの芽生えにとって恐ろしいのは立ち枯れ病だけではない。もっと恐ろしい病気が真上から降ってくる。「ミズキ輪紋葉枯病（りんもんはがれ）」だ。この病気は、罹病した葉や菌体が親木から直接落下して感染する。親木の下で動けない芽生えにとっては避けることのできない恐ろしい病気である。ミズキの親木は夏にこの病気に感染する（図9－5）。葉に小さな目玉のような病斑が見られるようになり、それが同心円状に葉全体に広がる。この病気に罹ると葉はまもなく落ちてしまう。樹冠の半分以上の葉が落下し、冬の裸木のように見えることもある。成木がこの病気で死ぬことはほとんどない。しかし、その下で発芽した芽生えや稚樹が致命的な被害を受ける。

ミズキの実生が輪紋葉枯病に感染すると葉が溶けるように病斑が広がる。そして、葉柄（ようへい）を伝って幹（主軸）にまで到達して死んでしまう。ミズナラやサクラ類など他の稚樹にも感染し、やはり目玉模様の特徴的な病徴が見られる。が、ミズキ以外の樹種では、驚いたことに病斑が周囲に広がることは稀である。感染部位の周囲に丸い切り取り線ができて、それに沿って病斑部分を切り落とすことで病から逃れるのである（図9－5）。ミズキ以外の樹種では輪紋葉枯病は致死的ではないのである。

このように、ミズキの成木の下では、立ち枯れ病だけでなく葉の病気である輪紋葉枯病も種特異性をもつので、ミズキの実生はほとんど死に絶える。たまに成長しても一〇センチ以上に育つことはない。一方、ミズナラやウワミズザクラなどは二メートル以上にも成長している。それらの葉には直径五ミリほどの丸い穴が数個、時に無数に開いている。感染部分を切り落とした痕跡である。

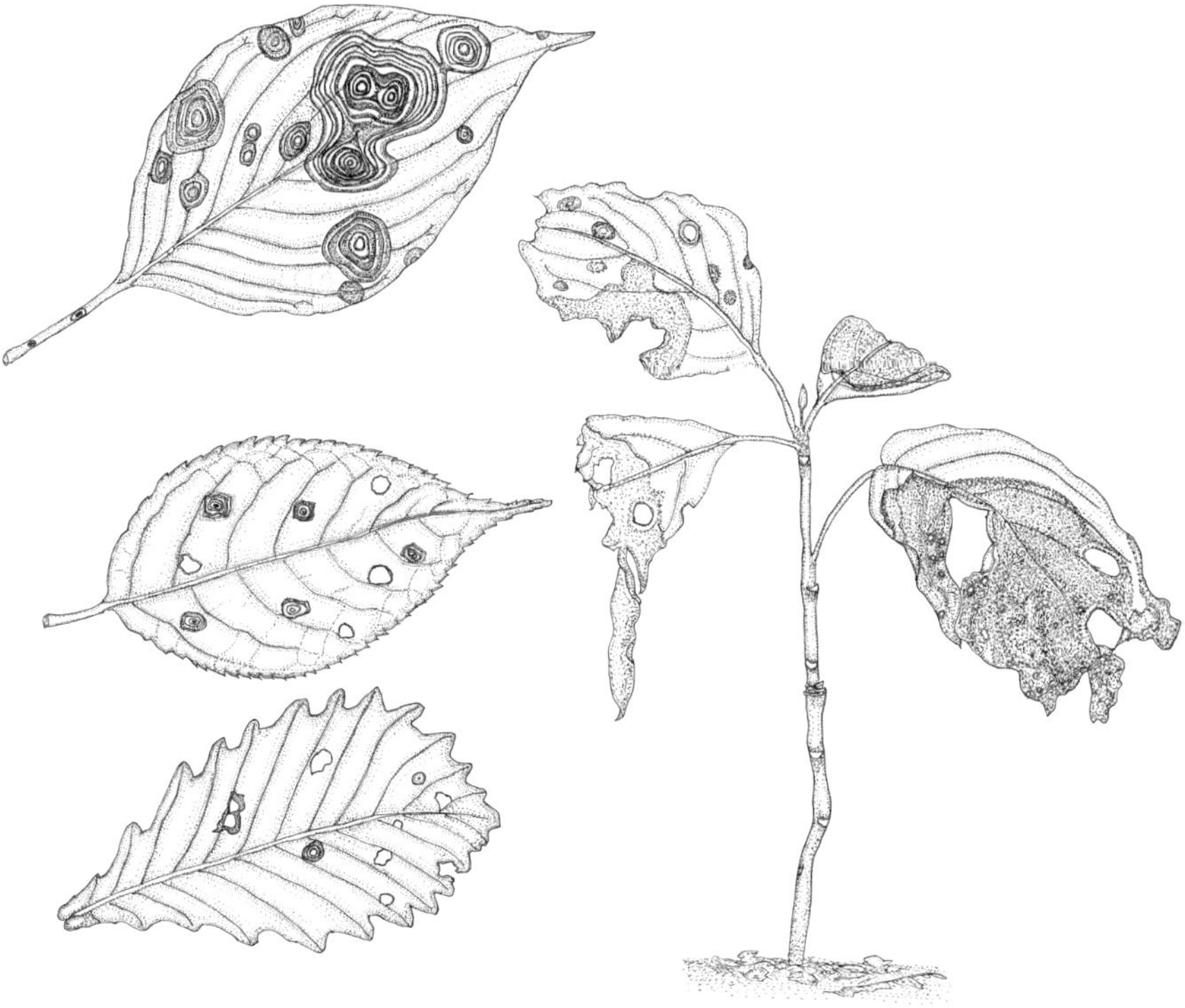

図9-5　ミズキ輪紋葉枯病の種特異性

ミズキの親木から輪紋葉枯病に感染した葉が大量に落下してくる（左上）。親木の近くで芽生えたミズキの実生や稚樹が感染すると病斑部分は一気に葉全体に広がる（右）。そして、葉柄を伝って幹（主軸）に到達し死んでしまう。ウワミズザクラ（左中央）やミズナラ（左下）など他の稚樹にも感染するが、驚いたことに病斑が葉の感染部位の周囲に広がることは少ない。感染部位の周囲に丸い切り取り線（離層）ができて、それに沿って病斑部分を切り落とすことで病から逃れるのである。ミズキ以外の樹種では輪紋葉枯病は致死的ではないのである。

すなわち輪紋葉枯病への抵抗の証しである。これらは、いずれ、ミズキに代わって林冠に達していくものと考えられる。

しかし、話はそう単純ではない。森の中のすべての木でウワミズザクラやミズキのようにさまざまな種特異的な病原菌によって同種から他種への置き換わりが見られるかといえば、そうではない。本書では詳しく述べないが、ブナやミズナラ、コナラなどは親木と共生する「外生菌根菌」がその子供（同種の実生）を助け、むしろ親木の近傍で同種が増える方向に向かう場合も観察されている。外生菌根菌とは、植物の根に感染して植物の成長を助ける菌根菌の一種である。少しだけ説明すると、菌根菌は植物の根と互いの組織が複雑に入り組んだ菌根を作り、また、土壌中にも菌糸を伸ばす。菌糸は植物の根よりずっと細くて長いので、土壌の狭い隙間に侵入し無機養分や水分などを効率的に吸収することができる。さらに、菌根菌は病原体への抵抗力を高め植物の定着を助けていることも知られている。その見返りとしてデンプンなどの同化産物を植物からもらって共生している。菌根菌と植物は「相利共生」の関係にある。我々の最近の調査では、一つの森の中で個体数の多い優占種には、ミズナラやブナなど外生菌根菌と共生するタイプの樹木が多いため、親木の下で同種の子供のほうが他種より大きくなり定着しやすいのではないかと思われるデータが得られている。外生菌根菌は種特異性をもち同種を強く助け、同種が優占するのを助けているのではないかと考えられる。一方、同じ菌根菌でも種特異性のないアーバスキュラー菌根菌と共生するウワミズザクラやミズキのような種では、菌根菌より病原菌の力のほうが勝り同種から他種への置き換わりが起きやすいのではないかと考えられる。今、たくさんの学生さんたちと一緒に調べているが、森が作られるメカニズムも一筋縄ではいかない。

親から離れてギャップを待つ

ミズキの実生は、親木の下では大きくなれないが、一〇メートルから一五メートル以上も離れると高さ二メートルほどに成長する。しかし暗い森の中ではこれ以上大きくならない。ウワミズザクラと同じだ。暗い林床で耐え忍ぶ姿もよく似ている。幹が大きくなると自ら枯らし、根元からまた新しい幹を出し株立ちする。呼吸による炭素消費量が多い太い幹（非同化部分）を少しでも削ろうとしているのである。また、葉を単層に並べ平べったい樹冠を作っているのも似ている。弱い光を少しでも利用しようとしているのである。

このようにして暗い林床で待機しているミズキは親木の周囲一五メートルから三〇メートルほどのところに一番多く見られる。これは山崎さんはじめ多くの学生さんたちが一桧山の天然林の六ヘクタールに生育しているすべてのミズキを当年生から成木までしらみつぶしに調べた結果である。多分、親木の一五メートル以内のところでは病気に感染するし、三〇メートルより遠いところでは種子の散布量が少なすぎるのだろう。将来、いつのことか皆目わからないが、ギャップができれば、この中の一つや二つは明るい林冠に向かって伸びていき、そして花を咲かせ親になるのであろう。その日を待ってミズキは今日も健気に森の中で生きているのである。

真っ先にスギ林に進入――種多様性回復の先鋒

スギ人工林に広葉樹を混交させ種多様性を回復させせようという目的で、東北大学フィールドセンターの若いスギ林を強度に間伐した。多くの広葉樹が更新してきたが、もっとも多かったのがミズキである（図9－6）。間伐してから一二年経った今、大きいもので直径が二〇センチほどに育っている。次に多く見られたのはウリハダカエデ、次いでエゾニワトコ、タラノキの順であった。これらもすべてすくすく伸びている。ところが、少しおかしいと思ったのはコナラの稚樹が見られないことである。スギ林の隣はコナラ林なので多くのドングリがスギ林にも運ばれ、間伐直後はコナラの芽生えが多数見られていた。にもかかわらずである。コナラの芽生え

図9－6　スギ人工林に侵入したミズキ
若いスギ人工林のスギの木を１回で３分の２も抜き伐りするという強度の間伐を行ったところミズキがたくさん更新してきた。ミズキの樹形は独特である。水平方向に枝を伸ばし平べったい葉層を何層も作る。枝の伸長の途中で側芽が下のほうに長い枝を伸ばすということを毎年繰り返すのでこのような枝振りになるのである。

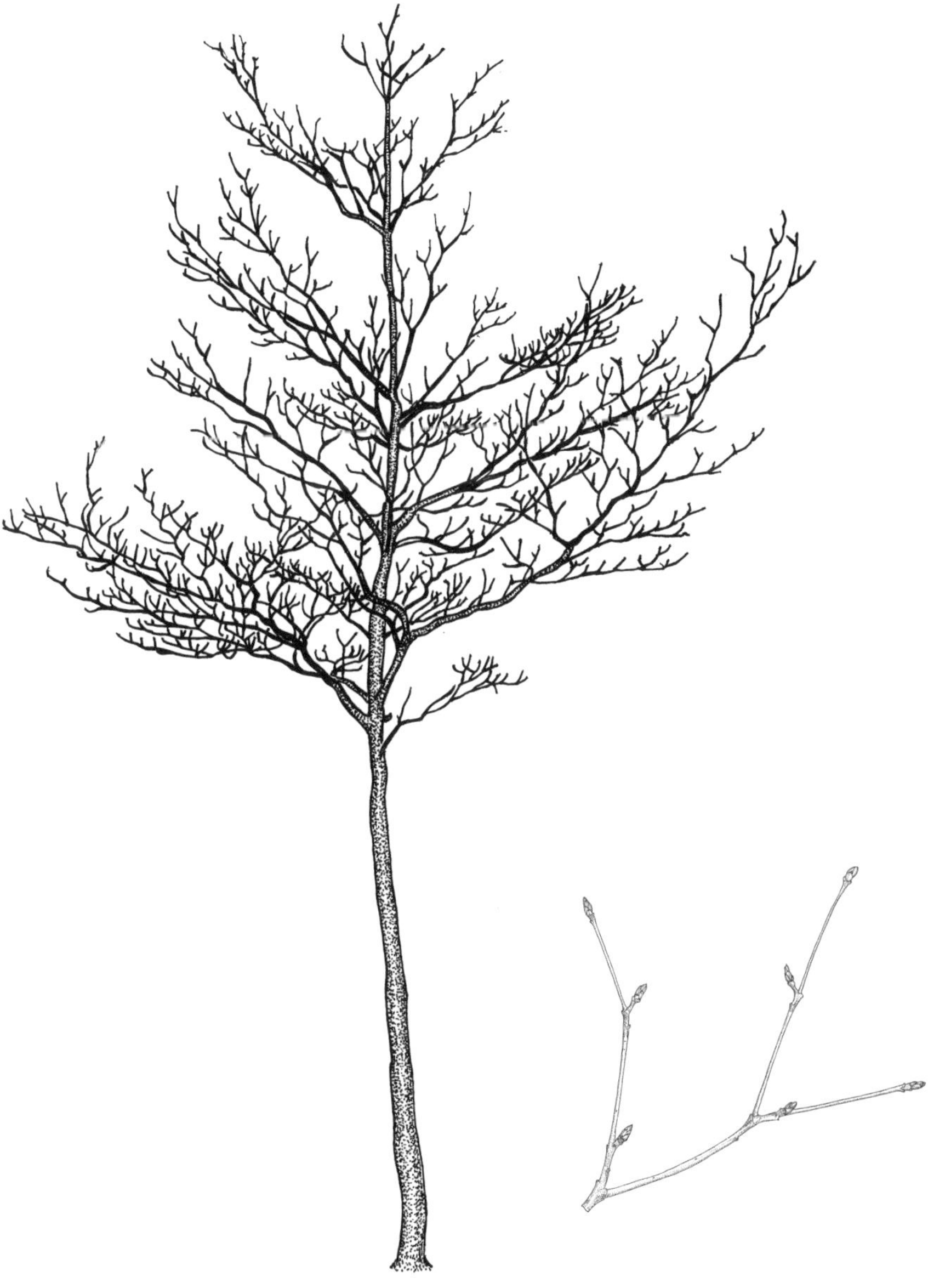

はクマイチゴなどに被圧され定着できないでいた。なぜコナラはダメで、ミズキならよいのだろう。

それは多分「菌根菌のせいだろう」と東北大学の我々の研究室に来たばかりの深澤遊さんは指摘した。つまり、ミズキがアーバスキュラー菌根菌と共生し、コナラが外生菌根菌と共生するからだというのである。どの菌根菌も樹木の根が入れないような土壌の隙間まで菌糸をまんべんなく伸ばして栄養分を吸収し、それを樹木の根に供給し樹木の成長を助けている菌である。スギはアーバスキュラー菌根菌と共生するので、スギ人工林で発芽したミズキはアーバスキュラー菌根菌に感染しやすいだろう。そこで、ミズキの根っこを調べてみると、やはり、すべてのミズキがアーバスキュラー菌根菌に感染していた。したがって、スギ林ではミズキをはじめカエデ類やサクラ類、タラノキなどのアーバスキュラー菌根菌と共生するタイプは、成長が助けられ定着しやすかったのである。一方のコナラの根にはアーバスキュラー菌根菌はもちろん外生菌根菌も感染していなかった。スギ林の内部には外生菌根菌が存在していないからである。したがって栄養分の吸収が十分できず、定着しなかったのであろう。種多様性の回復を目指すスギ人工林では、ミズキはその先鋒としての役割を果たしているのである。

原生林を思い浮かべる

ミズキは、スギの伐採跡地や林道沿いなど攪乱された明るい場所でよく見かける。したがって、多くの人は遷移初期種やギャップ依存種だと考えているようだ。しかし、前述したように老熟林をじっくり調査してみると遷移後期種のような振る舞いをすることがよくわかる。暗い林内でも、親木の近くではたくさんの芽生えが見られる。しかし、親木近傍の芽生えはしだいに病気に罹り死んでいき、親から離れたものだけが生き残る。したがって、多くの稚樹がミズキの親木から少し離れたところに待機しているのを見ることができる。一旦、ギャップができればミズキの稚樹は急伸長し成木になる。このようにして、老熟林では太い木は互いに離れて分布するようになる。互いに距離を置くので数は少ないもののミズキが厳然たる老熟林の一構成種であることにかわりはない。このように、ミズキは生活史段階のどこを見ても遷移後期種なのである。

今の日本の広葉樹林は人手が頻繁に入った二次林である。伐採が繰り返され、攪乱を頻繁に受けてきたところがほとんどである。そこだけを見てミズキをギャップ依存種と考えてしまうのは仕方がないことだ。しかし、人手のあまり入らない森でミズキを観察すると、どうみても「遷移後期種」か「極相種」のような振る舞いをしていることがわかってきた。原生的な老熟林におけるミズキの生活史の観察結果は、天然の森におけるミズキの本来の姿を想像させてくれる。さらに、それを模して多様な種が共存する森を復元していくのは大事なことであり、楽しいことでもある。

ミズナラ――水楢

熊がへし折った枝

東北の奥深い森を歩いていたら、太い枝を八方に広げた大きなミズナラの木が聳えていた。その下の地面には中身が空（から）になったドングリの残骸が散乱していた（図10－1）。熊が食べたものだろう。直径が六～七センチもある太い枝も落ちていた。熊がへし折ったものである。枝先にドングリ（堅果）が少し残っていた。晩秋の木漏れ日に映えて、とてもつやつやしていた。絵を描いてみようと枝先を折って持ち帰った（図10－2）。

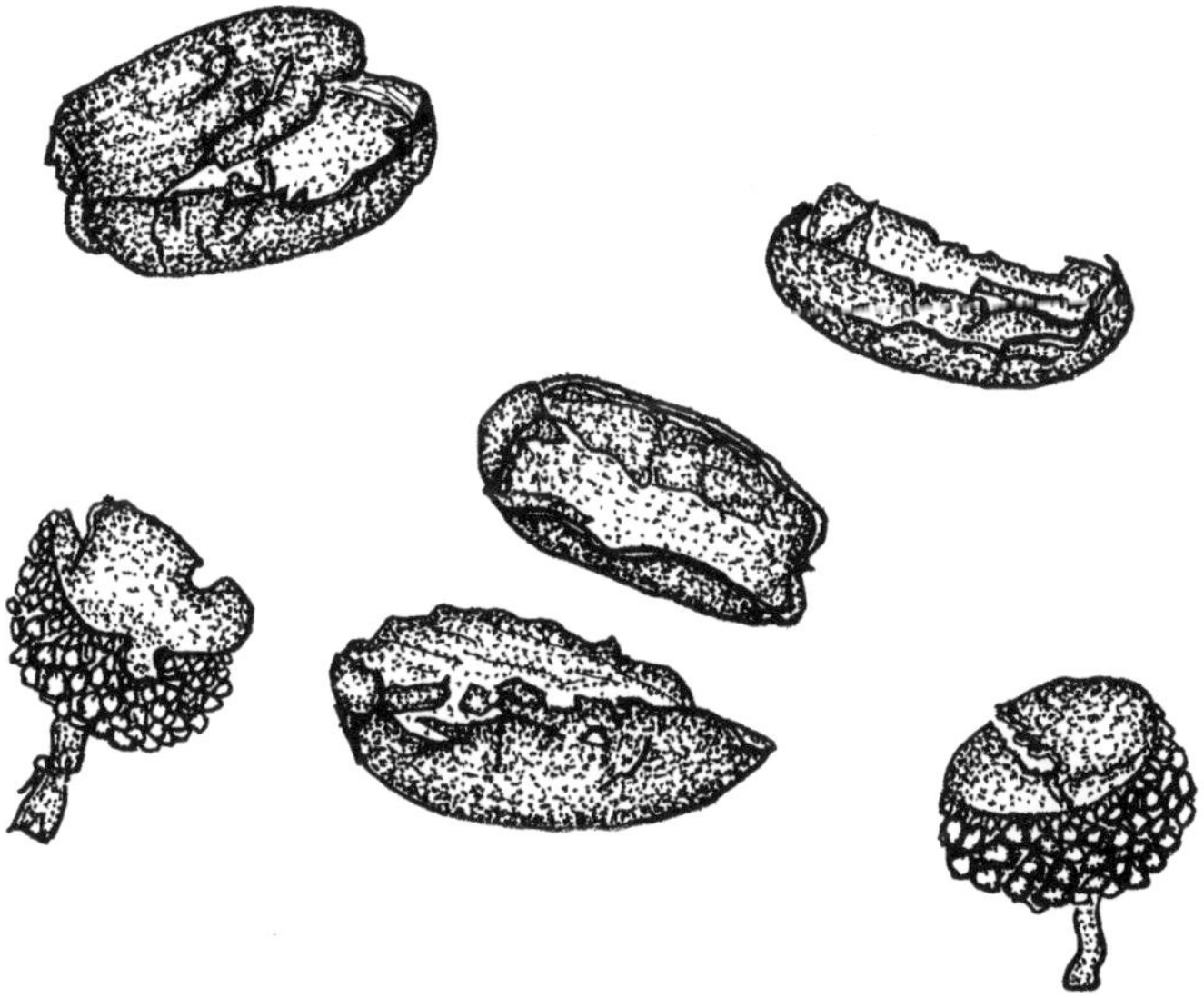

図10-1　ミズナラの堅果は熊の大好物

大きなミズナラの木の下に落ちていたドングリは中身（子葉）がきれいにえぐりとられていた。歯形もついていたのでツキノワグマが食べるときに果皮だけを吐き出したのだろう。実際、新潟大学の箕口秀夫さんは、熊がドングリを両手で上手にかかえて食べているのを観察している。へし折られた枝も何本か周囲に転がっていた。木に登って枝ごと落として下でゆっくり食べたのかもしれない。しかし、そこいらじゅうに点在する熊の糞には堅果の外果皮も含まれているので、いつも中身だけ食べているわけではないのだろう。中身だけ食べるのはよほどリラックスしてゆっくりと食べるときだけなのかもしれない。

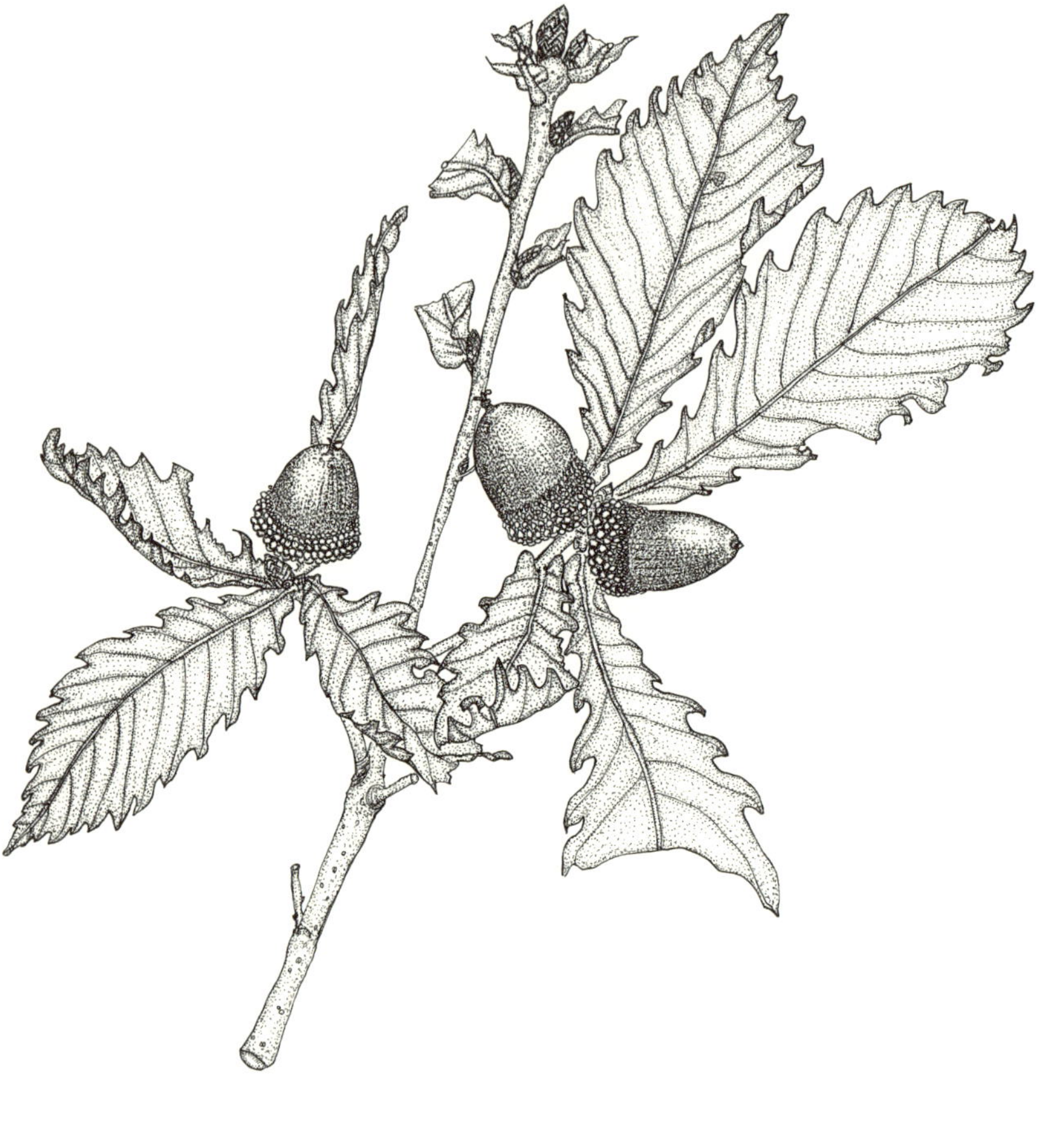

図10-2　ミズナラのドングリ（堅果）

ミズナラのドングリは形がとてもやさしげだ。お皿（殻斗）から先端にかけての緩やかな曲線が艶っぽい。大きさもちょうどよい。直径が1～1.5cm、長さ2～3 cmほどで、手の中にすっきりと収まるぐらいだ。1個で2～3 gほどだが中身のずっしり詰まった頼もしさが感じられる重さである。

ドングリは夜運ばれる

ミズナラのドングリの豊作年は数年に一度しかやってこない。豊作の年には熊はもちろん、タヌキもすぐに木の下にやって来る。大量のドングリが落下しているので居座って食べているようだ。果皮だらけの糞をそこいらじゅうに残している。ハエがたかって少しだけ臭い。森の中に棲んでいるネズミたちもすぐにやって来る。リスやカケスなども駆けつける。熊やタヌキと違い、これらの小型の哺乳類や鳥たちは後で食べようとして遠くまで運んで一旦落ち葉の下などに埋める。そして春までに一生懸命掘り返して食べている。でも、忘れっぽいのか、食べきれなかったのか、豊作年の翌年などはけっこうたくさんの芽生えが地上に出てくる。

このようなことは森に興味のある人なら、今ではみな知っていることだ。しかし、宮木雅美さんや菊沢喜八郎さんが北海道で研究を始めた三〇年前は、ミズナラのドングリがどんな動物に、どんなふうに、そしてどのようなところに運ばれているのかはほとんどわかっていなかった。彼らは数々の観察や操作実験からドングリと小動物の関わりを明らかにしていった。

特に面白かった実験を紹介しよう。ドングリを入れた立方体のエサ箱に金網を張り、そこにネズミなどの小動物が出入りできる小さな穴を開け、ネズミなどが通ったときにカメラのシャッターが下りるような仕掛けを作った。どんな小動物がいつ、何個くらいのドングリをエサ箱から運び出すのかを調べたのである（図10－3）。今では安価なセンサー付きの自動撮影装置が市販されて簡単に野生動物を撮影できるが、その当時は自作するしかなかった。宮木さんの当時の机の上はまるで電器屋さんのようであった。

さて、ドングリを運ぶ姿が映し出されたのは、ほとんどがエゾアカネズミとエゾヒメネズミだった。たまにシマリスやエゾヤチネズミも来た。東北大学の森林実習でももっとも多く捕まるのが、やはりアカネズミとヒメネズミである。本州にはエゾアカネズミやエゾヒメネズミは棲息せずアカネズミやヒメネズミが棲むが、生態や行動様式は違わないといわれている。アカネズミは目がぱっちりとして活動的で、学生にも人気ナンバーワンである。やや小振りなヒメネズミは木登りが得意だ。これらのネズミたちは、夕方六時以降になるとエサ箱のドングリを求めてやって来た。一晩中出入りし、朝の六時にはぴたりと活動をやめた。ドングリは夜運ばれているのである。エゾアカネズミの大きな個体は一晩に四二回エサ箱に出入りし四二個のドングリを運び出していた。昼間は森の中を歩いてもネズミたちに出会うことはほとんどない。宮木さんや菊沢さんは、夜の森では、このほかネズミたちが元気に動きまわってドングリを運んでいることを明らかにしたのである。

ただし、ドングリ類が豊作になった翌年は違う。東北ではミズナラやコナラ、ブナ、クリなどの堅果類の豊作がすべて同調することが、たまにある。その翌年に調査をしていると大量に増えたネズミが昼でも飛び跳ねているのを見ることがある。そんな年に広葉樹の種子を森の中に播いて実験

図10－3　ドングリを咥えて運ぶエゾアカネズミ（上）とエゾヤチネズミ（下）
老熟した落葉広葉樹林の中にはネズミたちがたくさんいる。しかし、昼間はめったに見ることはない。日が暮れて巣穴から這い出し、夜中じゅう動きまわり、朝日が昇る頃にはまた、巣穴に潜りこむからである。
北海道に棲むエゾアカネズミはドングリをやさしく扱うことで有名だ。決して、芽や根になる胚がある先端部分を咥えないのである（上）。ここを深く齧られるとドングリは発芽できなくなる。それに比べ、エゾヤチネズミは胚があるところを平気で咥えて運んでいた（下）。（宮木雅美さんが撮影した写真より描く）

を行うと、かなり厳重に種子を守っても地下にトンネルを掘って食べられてしまう。

ドングリにやさしいネズミとそうでないネズミ

写真を何枚も見ているうち、宮木さんは面白いことに気づいた。ドングリを運ぶときエゾアカネズミとエゾヤチネズミでは咥えるところが違うのである（図10－3）。わかるだろうか。

エゾアカネズミは決して先端部分を咥えないのである。先端には芽や根になる胚がある。ここを深く齧られると発芽できなくなる。それに比べ、エゾヤチネズミは胚があるところを平気で咥えて運んでいた。エゾヤチネズミは本州にはいないが、北海道ではカラマツやトドマツの造林木に大被害を与える害獣として駆除の対象とされてきた。エゾヤチネズミはドングリをすべて地中深い巣穴に持っていく。貯蔵したドングリは越冬中に食い尽くされミズナラが地上に顔を出すことはない。まさに天敵である。

一方のエゾアカネズミは巣穴貯蔵も行うが、多くは分散貯蔵をする。分散貯蔵とは、種子を自分の行動圏のあちらこちらに少量ずつ貯蔵することをいう。落ち葉をかき分け少しだけ穴を掘ってドングリを埋め、その上に念入りに落ち葉をかけて隠すのである。

さらに宮木さんたちは、エゾアカネズミに夜光塗料を塗り夜中にネズミの動きを追った。半径二〇メートルから三〇メートルほどの行動圏の中を精力的にあちこちにドングリを埋めながら歩きまわっていた。一ヶ所にだいたい一個、多いところでは六個もまとめて埋めていることが明らかになった。埋められたドングリのほとんどは秋から春にかけて食べられてしまった。食べ忘れから芽生えが発生していたのは一～二パーセントであった。ミズナラの親としたらネズミにエサをやっているようなものである。これでも、まだ芽生えが出てくる確率は高いほうである。後で述べるクリの実験ではもっと低くなった。それでもネズミに運ばれ埋められなければならないのだろうか？

ドングリはネズミに埋められないとどうなるだろうか。地中に幼根を差しこみ地上で子葉を開くものも見られるが数は多くはない。ほとんどは、落ち葉の上や土壌表面で幼根が乾燥し、死んでしまう（図10－4）。このようにミズナラのドングリはエゾアカネズミによってやさしく扱われ、遠くに運ばれて、湿った浅い地中に埋められる。そして、全部は食べられない。エゾアカネズミも大量のドングリにありつくことによって寒い冬を無事に乗り越え翌年の繁殖に備える。エゾアカネズミとミズナラはそれぞれの繁殖になくてはならない大事なパートナーなのである。

当時、夜明けとともに叩き起こされ何度か調査を手伝った。種子散布のパイオニア的な研究を間近で見ることができたのは幸運であった。

図 10－4　埋められないで発芽したミズナラの種子
親木の下に大量に落ちたドングリはいつの間にかなくなる。熊やタヌキなどの大型哺乳類が寄ってきて食べるし、ネズミたちも持っていく。しかし、年によっては落ち葉の上に落下したまま、放置されているものも多く見られる。その後、地中に幼根を差しこみ子葉を地上で開いて生き延びるものもあるが、幼根を出したまま乾燥して死んでいる場合のほうが多い。

ドングリが大きくなったワケ

秋に地上に落下したミズナラのドングリは、二～三週間以内に幼根を数センチ伸ばし、そのまま春まで越冬する（図10－5）。翌春、地上に芽を伸ばすが、その速度はとても速い。一気に伸長し、同時に一斉に葉を開く。大きな葉をいっぱいに広げ、林内の弱い光を少しでも多く獲得しようとしている。しかし、ミズナラの芽生えはカエデ類やサクラ類などに比べ地上に顔を出す時期が遅い。最初の葉を開いたときにはすでに多くの林冠木が葉を展開し終えている場合が多い。そこで、種子の中の貯蔵養分を小出しにして炭素収支の悪化を補塡している。したがって大きなドングリをもつものほど長く大量の養分の補塡ができ、弱い光のもとでも生き延びることができるのである。このような発芽後の振る舞いは同じ遷移後期種のトチノキとよく似ている。トチノキの芽生えも一斉開葉、一斉伸長するので芽生えの大きさは種子の大きさに比例する。また地上に顔を出す時期が遅いので生き延びるには種子の貯蔵養分に大きく依存する。このようにミズナラやトチノキなどの遷移後期種が暗い林内で生き伸びるためには、大きな種子をもつことはきわめて重要な意味をもつ。ミズナラやトチノキの種子が他の広葉樹より格段に大きいのは、種子が大きいほうが生き延びる確率が高いから親木がそうしているのであろう。特にトチノキは暗い林内だけで更新しているので種子の重さもミズナラの一〇倍もある。

ミズナラの芽生えは、特に発芽当年は、種子の貯蔵養分に大きく依存して生き延びるが、翌年以降は異なる。一年生や二年生になると実生は春早くに葉を開くようになる。イタヤカエデやハルニレのように林床が明るいうちに葉を開き、春の光をたくさん浴びてその後に備えるのである。やはり、遷移後期種なのだ。林床で少しでも生き抜こうとする姿勢が読み取れる。

もう一つ、ミズナラが森の中で生き延びるための戦略がある。展開した葉に天敵たちの嫌がるフェノールやタンニンなどの防御物質を大量に補塡することである。森の中は天敵だらけである。湿った土壌の中にも空気中にも病原菌はたくさんいる。芽生えの柔らかい葉を食べようと待ちかまえている昆虫たちも多い。ネズミたちも寄ってくる。カモシカも通りすがりに食べ

図10－5　ミズナラのドングリ（堅果）と芽生えの成長

ドングリは秋のうちに幼根を数センチ伸ばし、そのまま越冬する。春、暖かくなると地上に芽を伸ばす。親からもらったたっぷりの養分を使ってぐんぐん伸びる。ネズミに少しぐらい深く埋められても、その上に落ち葉が厚く堆積していても元気よく地上に芽を出すことができる。大きなドングリをもつものほど、深く埋められてもぶ厚い落ち葉の下からでも地上に顔を出すことができる。そして、大きな葉を４～５枚一気に広げる。「一斉開葉型」である。

ミズナラにはいろいろなサイズのドングリがあるが、堅果の貯蔵養分を使って一気に伸びるので、いつも大種子由来の芽生えが大きくなる。たとえ遅く発芽しようが芽生えは大きな種子由来のものが高い。小さなドングリはどんなに早く発芽しても大きなドングリに負けてしまう。ミズナラの実生の成長は「発芽のタイミング」より「種子サイズ」に大きく依存する。

ていく。小さな芽生えが森の中で無事に大きくなるのは至難の業である。少しでも天敵たちが避けて通るように工夫を凝らしている。

このように見てくるとミズナラの芽生えは「ドングリ（堅果）の大きさ」に随分とこだわっていることがわかる。これは陽樹のオニグルミやクリが種子の大きさにこだわらないのと好対照だ。実際、ミズナラのいろいろなサイズのドングリを播いて成長を比べると、やはり大種子が有利である。ミズナラは種子の貯蔵養分を使って一気に伸びる。早く発芽しようが遅く発芽しようが、芽生えの高さは大きな種子由来のものは高く、小さな種子由来のものは低い。一方、すでに見たように順次開葉型のオニグルミやこれから述べるクリでは実生の成長に「種子の重さ」はあまり関係ない。たとえ小種子でも早く発芽したものが大種子に遜色ない大きさに成長する。順次開葉型ではむしろ「発芽の早さ」が大きく影響する。明るいギャップでのびのびと大きくなるオニグルミやクリと、暗い林内でも生き延びようとするミズナラやトチノキとの「好むハビタットの違い」が成長様式の違いによく反映されている。

株立ちと原発と

里山をよく歩く人なら誰でも株立ちするミズナラを見たことがあるだろう（図10－6）。ミズナ

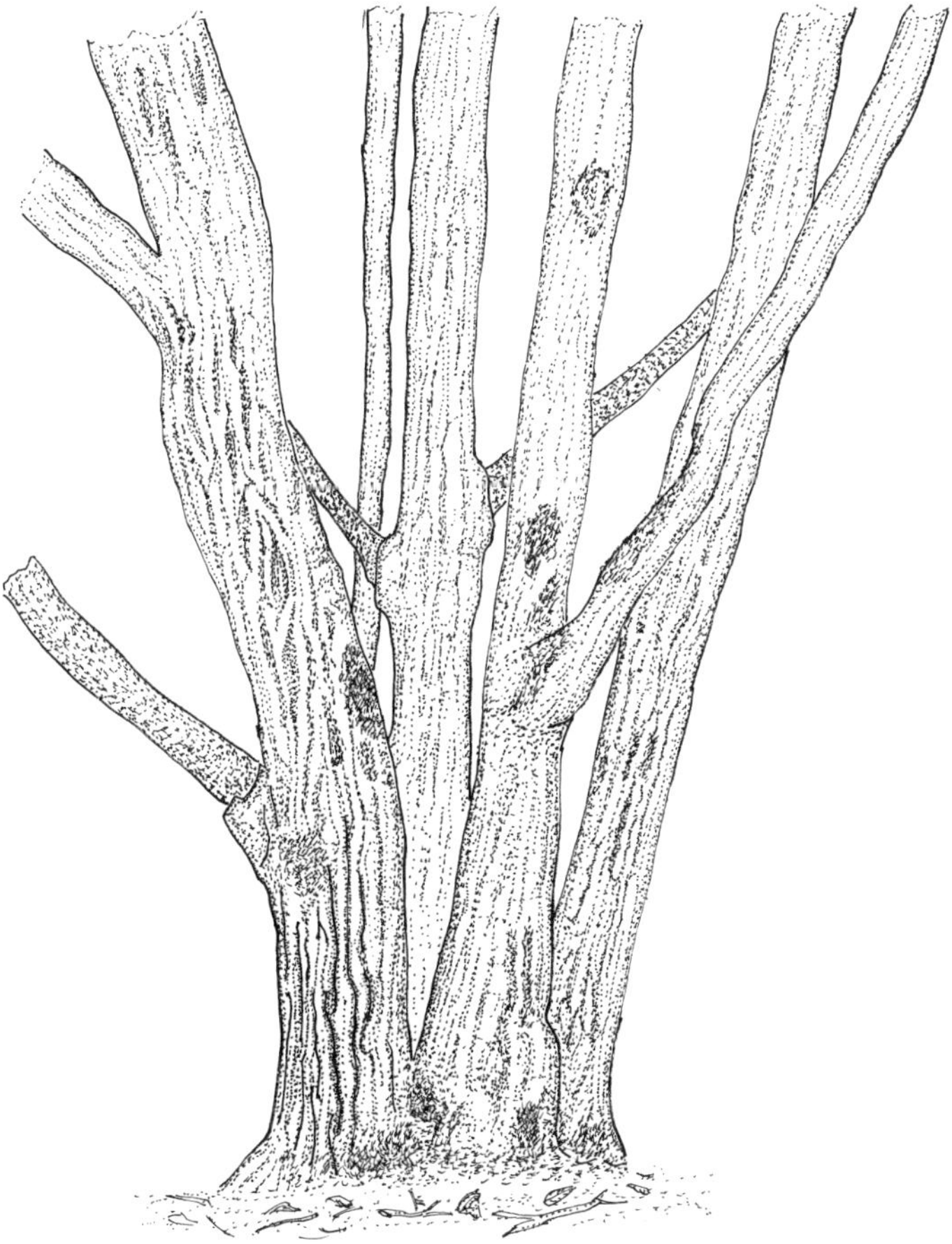

図 10－6　株立ちするミズナラ

東北大学のフィールドセンター内の広葉樹林でも戦後しばらくは炭焼きをしていた。土が深くえぐられたような炭窯の跡が山腹斜面に点在している。その周囲はミズナラやコナラが主体の萌芽再生林で、株立ちした姿が多く見られる。１つの切り株から複数の萌芽が発生し、それらが競争しながら、自然に間引かれ本数を減らしていく。

ラは伐られてもすぐに切り株からたくさんの芽を出し再生する。再生能力を買われてコナラやクヌギなどとともに薪炭林、シイタケ原木林の主役であった。細い木を利用するため一五年から二〇年おきに伐採が繰り返されてきた。里山の象徴のような木である。

しかし、福島や宮城、岩手の一部では、二〇一一年に起きた東京電力福島第一原子力発電所の放射性物質（セシウム137、セシウム134）が森を汚した。薪を燃やすと濃縮された放射性物質が灰から検出される。シイタケの菌糸は原木から放射性物質を集積する。燃料材としてもシイタケ原木としても、いまだに利用のめどが立っていないところが多い。したがって、これらの地域では、ミズナラやコナラなどは伐採されないまま、どんどん太くなりつつある。放っておくと伐っても萌芽しなくなるだろう。林業としての展望が見失われつつある。

しかし、これからは、太くなった木から無垢材を採って重厚な机や椅子を作っていくのも一つの手だ。まだ、広葉樹材の心材部分にはあまり放射性物質が集積していないようだ。安全を確かめた上で、まずは東電の役員室ででも使ってもらおう。

いざというときのために根に溜めこむ

秋に葉を落としたミズナラの芽生えを抜き取ると、根が異様に太く肥大している（図10－7）。

そこにはたくさんの炭水化物が貯蔵されている。地上部分がネズミなどに齧られた場合には、それを使って萌芽できるようにしているのである。

芽生えの主軸（幹）の先端には大きな冬芽が集中して見られる。先端の「頂芽」と、頂芽を囲む少し小さい「頂生側芽」だ。その下のほうには、目を凝らさなければ見過ごすような小さな冬芽が少し距離を置きながら七、八個見られる。さらに子葉の基部にも小さな芽が隠れている。しかし、翌年に開くのは先端の大きな頂芽や頂生側芽だけで下のたくさんの芽は開かない。下の小さな芽は休眠したまま生き続ける。いざというときのために芽をたくわえているのである。

芽は木が太っても、時に分裂して数を増やしながら樹皮のすぐ内側の形成層に移動して生き続ける。そして、幹が伐採されたりネズミに齧られたりすると、自分の番が来た、とばかりに休眠を解いて樹皮の隙間から芽を出すのである。それが萌芽枝となる。そして株立ちの樹形を作るのである。このようなメカニズムは同じコナラ属のコナラやカシワなどと共通する。最初にこのメカニズムを知ったのは私が学生の頃だ。カシワの研究をしていた北海道大学の大学院生の長谷川榮さんに噴火最中の有珠山(うすざん)でヘルメットに小石を受けながら教えてもらったのでよく覚えている。さらに、ミズナラの萌芽のメカニズムを菊沢さんは「頂芽優勢」から説明している。コナラ属の芽生えや当年生の枝（シュート）は先端に大きな芽をもち、そこからオーキシンという植物ホルモンを出して下の小さい芽の開芽を抑制しているというのである。実際、多くの樹種で調べてみると大きな芽が先端

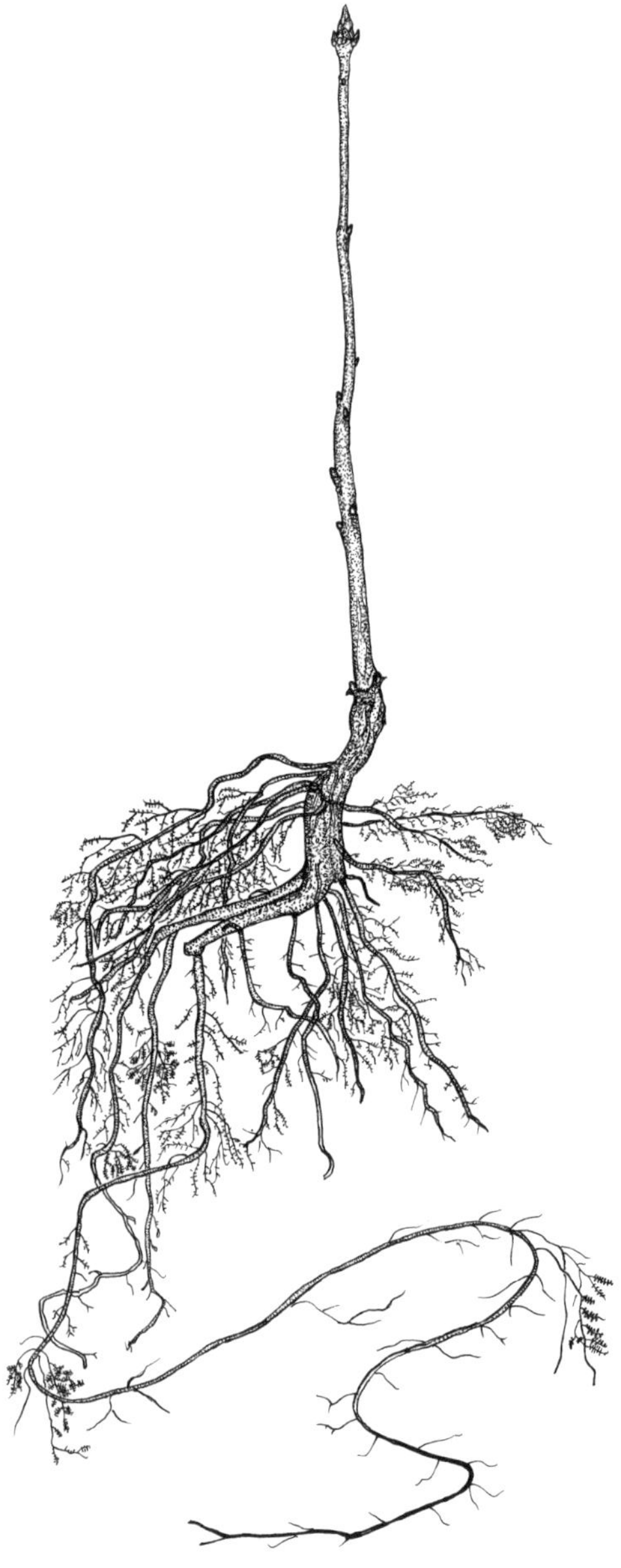

に集中しているものほど下部の小さな芽は休眠し、春になっても芽は開かないようだ。ミズナラは大きな頂芽や頂生側芽だけを開き、下の小さな芽を休眠芽として蓄積し、何かあれば、根に溜めこんだ養分を使って萌芽し再生するのである。ミズナラはいざというときのためにいろいろ溜めこむ習性があるようだ。

異論——ギャップ種か

ミズナラの実生は暗い森の中だけでなく明るいギャップや林道沿いでもよく見られる。ただ、明るいギャップでは春先の乾燥で大いに苦戦する。特にネズミに埋められないと根が乾いて死んでしまうものが多い。しかし、一旦地中に根を張ればけっこう強い。そして成長もよい。暗い林内では発芽直後に葉を数枚展開すればそれでその年は終わりだが、ギャップでは一旦休んだ後、もう一回葉を展開する(図10-8)。これを「二次伸び」という。木が一～二本倒れたくらいの小さなギャップでは一次伸長が終わった後二次伸びまで

図10-7　落葉後のミズナラの芽生え

ミズナラの芽生えを秋に掘り起こしたら、びっくりするほど根が肥大していた。地上部に目を向けると、幹にはたくさんの冬芽が見られる。しかし、これらの冬芽のうち翌春開くのは先端の大きな芽だけで、幹の下のほうについている小さな冬芽が開くことはない。これらは、地上部が齧られたり、伐られたりしたときのために予備の芽としてたくわえておく。いざというときに、地下の大量の貯蔵養分を用いて萌芽するのである。

図10-8　ギャップで二次伸びするミズナラの芽生え

暗い森の中のミズナラは春に葉を一度に数枚展開すると、もう次の葉は展開しない。翌年に備えて冬芽を作りはじめる。しかし、明るいギャップでは一斉開葉後しばらく休んだ後、再度シュートが伸びて葉を展開する。これを「二次伸び」という。

明るいギャップには草本が繁茂し、芽生えたちはとても激しい競争に晒される。二次伸びして広い葉を四方に広げ、草たちに覆われないようにしているようだ。

一ヶ月半くらいかかるが、大きく開けた大ギャップでは三週間ほどで再度伸びはじめる。大ギャップの肥沃なところでは三次伸びすることもある。周囲の背の高い草本に負けまいとしている。暗い林内だけでなくギャップでも生き残ろうとするしたたかさを感じさせる。このような振る舞いはイタヤカエデと似ている。光環境に見合った葉の開き方をし、幅広い環境に適応しようとしている。そのせいか、ミズナラが極相種かどうかについては異論が多い。特にブナが分布する地域では遷移後期種、すなわち極相種ではないという人が多い。

特にミズナラ林にブナがどんどん侵入しているさまを目の当たりにすると極相種ではないのでは、と思えてくる。東北大学フィールドセンターのミズナラの二次林に作った小さな試験地では、二〇年前にはブナは下層にだけ見られていた。しかし、今ではミズナラと同じほどのサイズになっている。ブナは若い稚樹も芽生えもたくさん見られるのに、一方のミズナラは実生も見られない。林冠に達した太い個体も枯死している。つまり、ミズナラからブナへの遷移が進行しているように見える。とはいえ、人為的に攪乱された二次林だけを見て、早まってはいけない。

フィールドセンターに隣接する一桧山や二〇キロほど北に位置する栗駒山の老熟林ではまったく様子が異なる。人手のほとんど入っていない自然林では直径が一メートルを優に超えるミズナラの巨木たちがブナに混じってあちこちに鎮座している。数は少ないもののブナやトチノキ、クリなどと混じり合って共存している。どうみてもブナに一方的に置き換わっているとは思えない存在感がある。それはミズナラの寿命の長さに関係がありそうだ。

北海道大学の矢島崇さんが調べた貴重なデータを見ると、直径七〇センチ以上のものはすべて二〇〇歳を超えている。八〇センチを超えれば三〇〇歳以上と見ても間違いないだろう。最高齢のものは意外に細く八〇センチほどだったが、四五八歳であった。一桧山の痩せた尾根で見たものは直径が一三七センチもあった（図10－9）。少なく見積もっても五〇〇歳は超えていると思われる。また、拡大造林以前はミズナラの太い木は狙い撃ちに遭ったので現存する巨木は少ない。以前はもっと太いものも見られ、樹齢も一〇〇〇年に近づくほど長いものもあったのではないかと考えられる。きわめて長い寿命をもち、さまざまな自然攪乱を「気長」に待つことによって更新のチャンスをものにしている樹のような気がする。ブナの寿命がせいぜい一五

図10－9　ミズナラの巨木

晩秋の曇った日に試験地の奥のほうを歩いてみた。雪の降りそうな寒い中、老熟林の緩やかな山腹斜面を登りきると、チシマザサが繁茂する尾根に辿り着いた。藪をかき分けながら登っていると巨大なミズナラが突然現れた。以前歩いたときにはなぜ気づかなかったのだろう。直径が137cmもあった。尾根筋なので太さのわりに樹高はあまり高くない。20mぐらいだろう。地上3～4mあたりから太い枝があちこちに枝分かれしていた。多分、良材が採れないので伐り残されたのだろう。
北海道ではもっと太いミズナラを見たことがあるが、それも太い枝が下のほうからたくさん出ている、いわゆる「暴れ木」であった。日本の山地にはもっと太い巨木もたくさんあったはずだが、木材業者が嫌ったものだけが今残っているのだろう。

〇年から二〇〇年くらいなので、ミズナラは寿命の長さで勝負しているのだろう。

人間が作った若い「林」の観察だけでは、樹木の本当の生態はわからない。多分、ミズナラもブナも両方とも極相種なのだろう。どちらがより遷移後期に更新する樹種か？といった遷移系列におけるステータス（地位）は人間の尺度を超えて想像しないとわからないのである。

北の極相種

北海道の黒松内町より北に一歩踏みこむと、もうブナは分布しない。そこでは、ミズナラが森の王者の風格をもって君臨している。まさに冷温帯の落葉広葉樹林を代表する極相種である。そこではミズナラの実生は暗い林床でも比較的長い間生きている。山火事後に成立した八〇年生ほどのミズナラの一斉林で調べてみると一〇年生以上の実生も多く見られた。最大で一三年生であった。意外と短命だと思えるが、三年から六年に一回ほど豊作年があり、翌年には大量に芽生えが見られることを考えれば、絶えず実生が林床に待機していることになる。また、暗い林床でも少しずつではあるが上に伸びているのには驚いた。発芽当年は種子の貯蔵養分で一〇センチから二〇センチほど伸びるが、貯蔵養分を使い尽くした後でも、毎年二～三ミリではあるが少しずつ伸びている。暗い林床でも冬芽を作り、毎年大きな葉を四～五枚展開し光合成をして大きくなっているのである。わずかながらも伸び続けられるのは高い耐陰性を有しているからである。いずれ、林冠木が倒れて明るいギャップでもできればいち早く大きくなって更新するものと考えられる。立派な極相種である。

第4章 森の中の隙間で育つ

東北にもときどき、強い風を伴う大きな台風がやって来る。一桧山に行ってみると、その度ごとに古木が一本、二本と倒れている。大きなトチノキの根がひっくり返り土がえぐれ、幹が横たわり行く手を阻んでいた。ミズナラやブナの古木も地上一〜二メートルの高さで太い幹がボキッと折れていた。その下敷きになってヤマモミジやコハウチワカエデが地面に寝ていた。折れた幹をのぞきこむと中は空洞だった。木材腐朽菌が中を腐らせて強度が落ちていたのだろう。空を見上げるとそこだけ樹冠がなくなって林冠にぽっかりと広い隙間、いわゆる「ギャップ」ができ、林床にはそこから明るい陽光が差しこんでいた。森の中はだいたい一様に暗いと思われるだろうが、ときどき大きな台風が来ると古木が倒れたり折れたりしてギャップができることがある。

また、台風とは関係なく太いブナが立ったまま枯れていた。葉がない裸木の下には明るい日差しが差しこんで森の中とは思えないようなほっとする空間を作っていた。しかし、立ち枯れした樹の下は、特に風が強い日は落ち着かない。大きな枯れ枝が落ちてくるからである。

人の手のあまり入らない老熟した森を歩いていると、けっこうあちこちに大小さまざまの「ギャップ」が見られる。しかしギャップを作るもととなる老古木が見られる天然の森はきわめて少なくなった。日本の広葉樹林では、里山は言うに及ばず奥山も大径木は伐り尽くされてしまったからである。

しかし、ギャップに依存して更新する樹々が苦労しているかといえばそうでもない。むしろ、人為的な伐採による大小さまざまなギャップが多く見られるので、更新適地には困っていないようだ。ここでは、老熟林のギャップで見られるホオノキとクリの語る言葉に耳を傾けてみたい。

ホオノキ——朴の木

一〇〇年寝過ごさないように

緩やかな山腹斜面に挟まれた平坦な谷筋を歩いていると、ホオノキの幼木がすくすくと上を目指して伸びていた（図11－1）。何となく明るいので上を見上げると林冠に隙間が空いている。多分、土の中で長く休眠していた種子がギャップを察知して発芽してきたものだろう。しかし、周囲の林冠木も明るいほうへ枝を伸ばしている。いずれ林冠の隙間は狭くなりギャップは塞がってしまうだろう。それまでにホオノキは森のてっぺんに到達できるだろうか。伸び盛りの若木が一生懸命伸びている姿を見ると、思わず応援したくなる。

遷移初期種やギャップを好む種は明るい場所でしか大きくなれない。したがって暗い森の中に種

図 11－1　林冠に空いた隙間を目指すホオノキの幼木
ぽっかりと林冠に空いた隙間を目指してホオノキの幼木が伸びている。太い木が倒れたり、立ったまま枯れたりして「ギャップ」ができると地表に光が差しこみ、日中の温度が上がり夜は冷える。土壌表層の温度較差（変温幅）も大きくなる。そうすると暗い森の中で休眠していたホオノキの種子が発芽する。林冠が空いたことを知ってはじめて発芽するのである。（広角レンズで撮影した写真から描く）

子が散布されると、土の中に潜りこんで休眠したまま過ごすが、ギャップができると発芽しはじめる。しかし、ギャップができたことを種子が検知する環境のシグナルは樹種によって大きく異なる。これまで見てきたように、とても小さな種子をもつシラカンバは強い光、つまり遠赤色光に対する赤色光の比率（赤色光／遠赤色光比）の高い光に応答して発芽する。大きな攪乱跡地で発芽するためである。一方、同じ遷移初期種のケヤマハンノキは光だけでなく、土の中の温度の昼夜の較差（変温）にも応答して発芽する。シラカンバよりも種子が少しだけ大きいので、少しぐらいの落ち葉が積もっても、その下から出現できるからである。このように見てくると「種子の大きさによってシグナルが違うのではないか」という疑問が湧いてくる。

さて、ホオノキはどうだろう。種子はシラカンバの二〇〇〇倍ほどの重さで〇・二グラムもある。ギャップ依存型にしてはかなり重い種子をもつホオノキは、じつは、変温にだけ応答して発芽するのである（図11－2）。ギャップができても土の中の深いところでは光は到達しないが、変温幅はけっこう大きいからである。ホオノキの種子は重く、深い土の中で発芽しても地上に出てくるだけの貯蔵養分が蓄えられている。光（赤色光／遠赤色光比）だけに頼っていると深く埋められた場合にはギャップができたかどうか検知できない。土の下で知らないで眠ったままになってしまう。森の中でギャップができることは稀である。それを逃したら後は一〇〇年後になる。ギャップができたときに深いところにいても寝過ごさずに発芽できるように、ホオノキの親は種子に変温応答性を

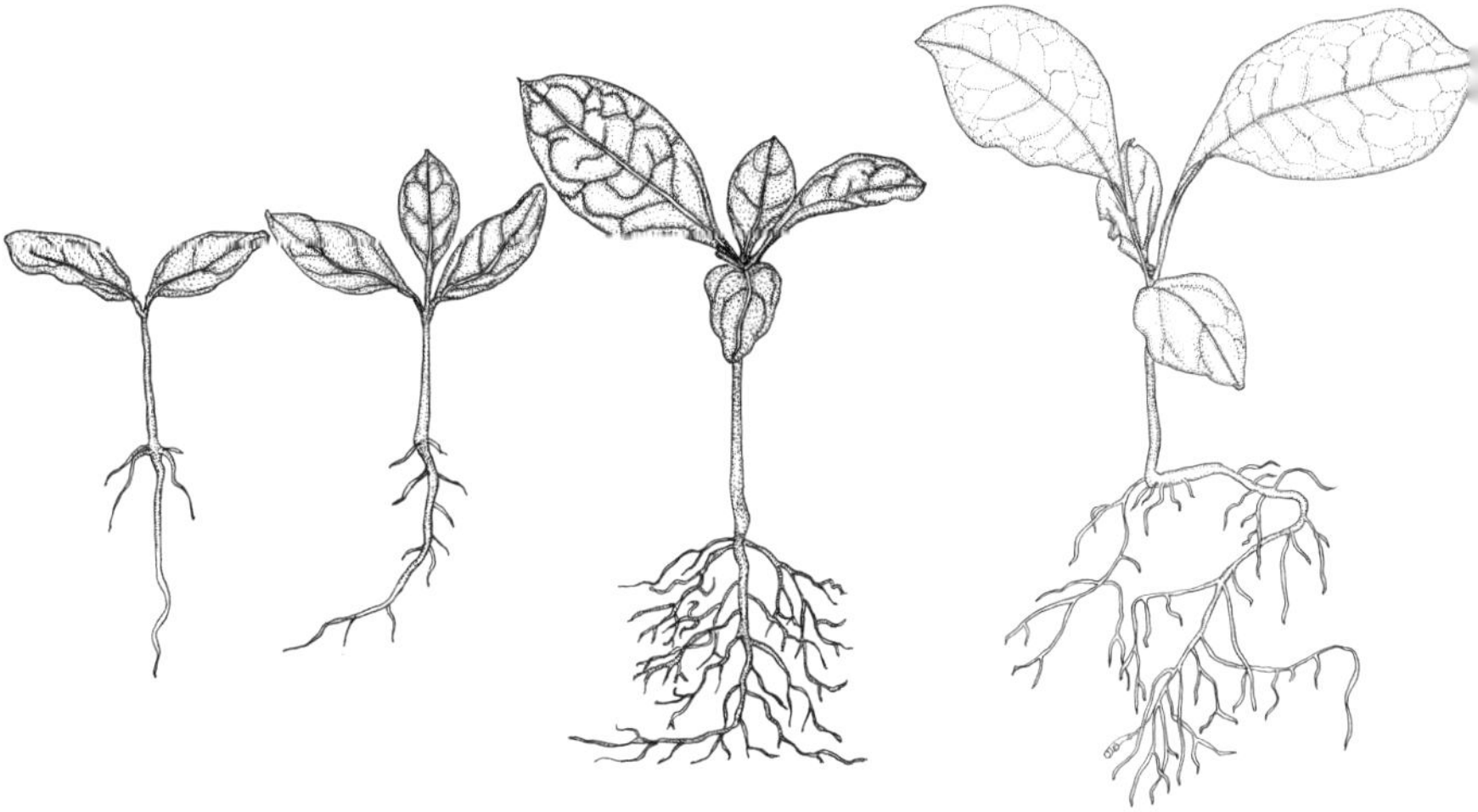

図 11－2　ホオノキの芽生え

ホオノキの芽生えが地上に顔を出すのは遅い。北海道の美唄市では６月の末である。ゆったりと鷹揚な感じで地上に出てくる。薄黄緑色の柔らかそうな本葉には太い葉脈がぎごちなく浮き出ている。全体が何となく幼く感じる。

ホオノキの種子は比較的大きいので土の中に深く埋められても発芽すれば地上に出てくることができる。しかし、ギャップができたことを知らせる光（赤色光／遠赤色光比）は地表１～２ mm で急激に減少し、光だけに応答して発芽するのであればギャップができても発芽できない。そこでホオノキは地中５～10cm ほどまで届く変温（昼夜の温度較差）をシグナルとして発芽する。

もたせたのである。これらは東北大学大学院生の安藤真理子さんや夏青青さんの丁寧な実験で明らかになったことである。

香り渡る大輪の花

春の遅い北国でも、六月に入ると急に森の緑が濃くなる。一歩、中に足を踏み入れると、草木や土壌中の微生物が吐き出す濃厚な呼気がむせ返るような匂いとなって漂ってくる。そんなときでもくっきりと香り立つのはホオノキの花である。数十メートル離れていてもそれとわかる甘く清々しい香りである。

北海道林業試験場実験林の道端に一本の若いホオノキが立っていた。その幹をぐるりと囲んだ丸太の櫓（やぐら）の高いところに毎朝のように登っていたのは、研究室のボスの菊沢喜八郎さんであった。「オモロいぞ」と声

図11−3　ホオノキの花——１日目

ホオノキの花は香り高く大きいが、その咲き方はじつに繊細だ。まず、花芽が大きく膨らみはじめ外側の大きな芽鱗（がりん）を落とす。しだいに、薄ピンクの３枚の萼片（がくへん）の中から大きな白い花びらが顔を出す。そして花びらの先端が少し開き中が少しだけ見えるようになる。中をむりやりのぞきこむと先の尖った太い円筒状の軸の上のほうに雌しべが螺旋状に並んでいる。先端が反り返っているので花粉を受け取る準備が整っているようだ。しかし、雄しべはまだ開いていない。雌しべの下で軸にへばりついている。
つまり、ホオノキの花は雌しべが早く熟す「雌性先熟タイプ」である。雌雄の成熟時期をずらすことによって自分の花粉を自分の雌花の柱頭で受粉しないようにしている。そして夕方には花びらを閉じてしまう。

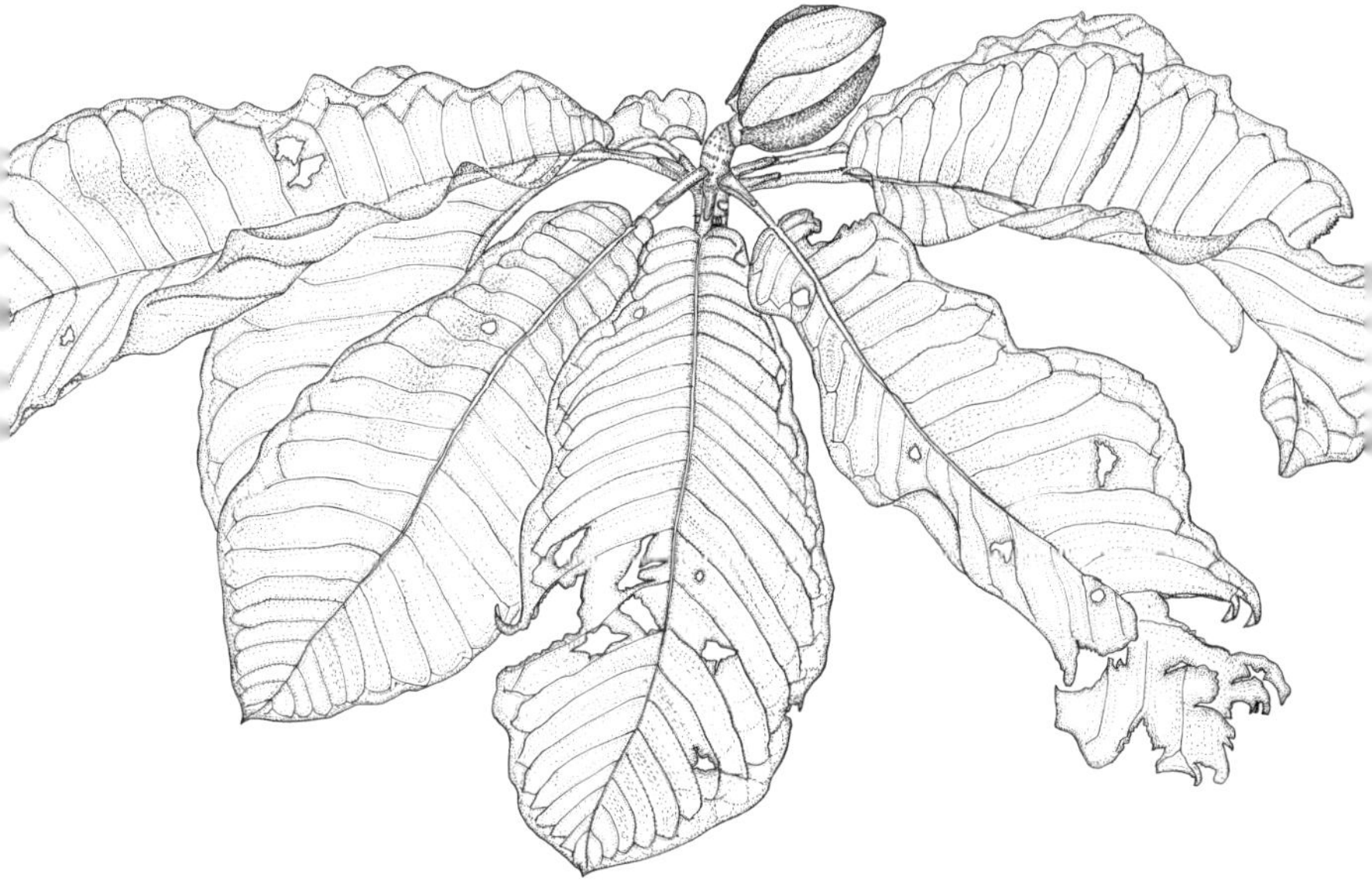

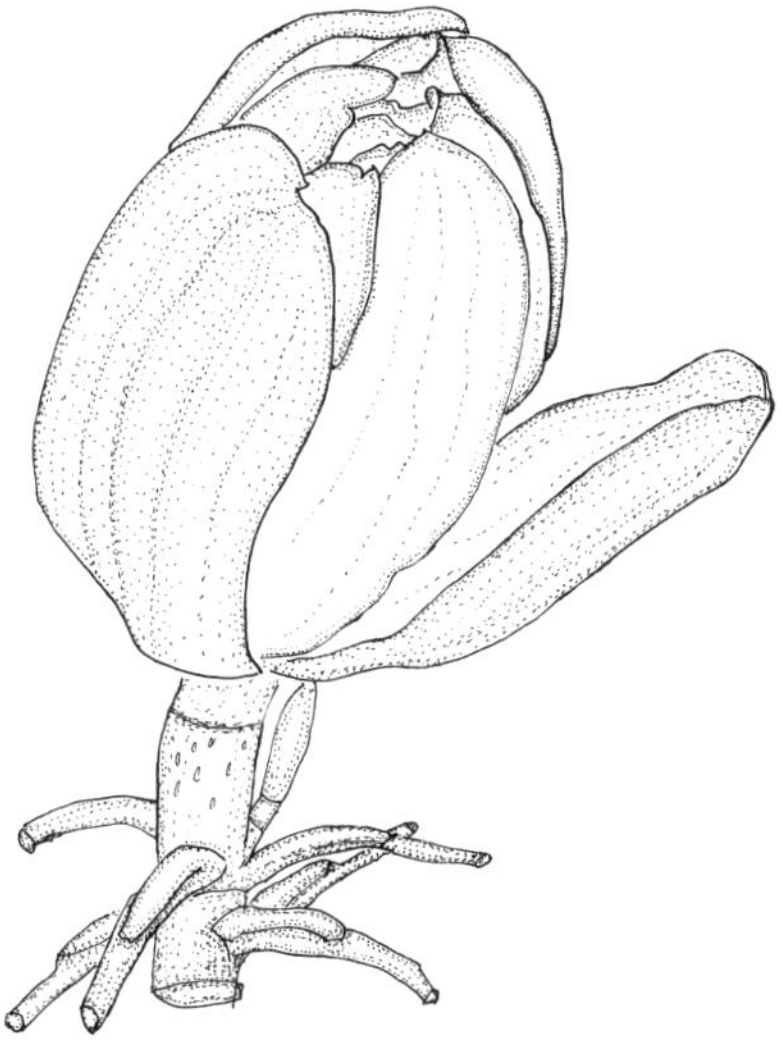

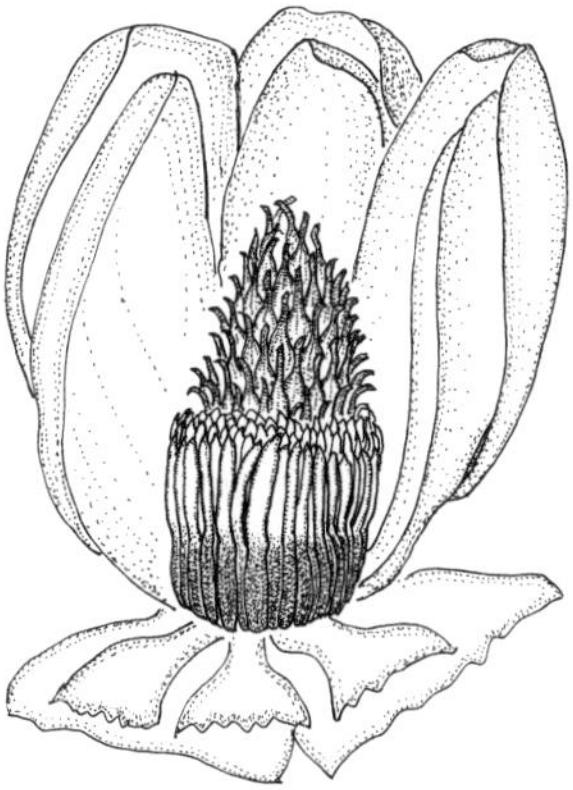

をかけてきたので、「何がですか?」と聞くと、調査の手を休めて花の咲き方を説明してくれた。

ホオノキの大きな花は意外に繊細なそして面白い咲き方をしていることをそのときはじめて知った。外側の大きな芽鱗（がりん）が落ち、薄ピンクの三枚の萼片（がくへん）から大きな白い花びらが顔を出す（図11－3）。花びらが少し開くと、太い円筒状の軸の上のほうに螺旋状に並んだ雌しべがすでに開花している。しかし、雌しべの下の雄しべはまだ開いていない。「自家受粉」を回避しようとしている。夕方になると一旦花弁を閉じる。翌朝、大輪の花が咲いている。とても大きく見栄えのする花だ。このときはじめて雄しべが開く（図11－4）。しかし、雌しべは自分の花粉を受け取らないように、果軸に柱頭をへばりつかせ隠している。これも自家受粉を回避する行動だろう。そして花弁と雄しべが落ち、雌しべだけになる。

樹冠を見るとあちこちで大きな白い花が見られるが、樹冠全体が満開というわけではない。堅い蕾のものから、少しだけ開いたもの、花弁を落としたものまでさまざまである。ホオノキの花は一斉に咲くことはない。一つひとつ順々に一ヶ月もの間、咲いては落ち、落としては咲き、といったことを繰り返している。このようにホオノキは一つの花の中でも雌雄の開花時期をずらし、その上、樹冠上でも一つひとつの花の成熟時期をずらしている。開花の順を追って花の絵を描いてみると、自家受粉を少しでも避けて多くの元気な子供を残したいというホオノキの親の気持ちが伝わってくる。

図11－4　ホオノキの花――2日目
翌朝、花びらは大きく開く。今度は雄しべが開いて花粉を大量に表面につけたまま反り返っている（上）。しかし雌花は花軸にへばりついて柱頭の先を隠している（下）。これもまた自家受粉を回避している姿である。このとき、遠目には大輪の花が咲いているように見える。しかし、花の命はもうすでに終わりに近づいている。しばらくすると雄しべも大きな花弁も落下してしまった。このように花は閉じたり開いたり忙しいが、寿命は2日くらいと短い。

ホオノキの花にはミツバチやマルハナバチがあまり訪れない。蜜を出さないからだ。たまに花粉を集めに来るくらいで、花々を飛びまわり他家受粉を促してくれるようなことはあまりないようだ。ホオノキがいくら自家花粉を避けようとして雄花と雌花の開花時期をずらしても、自分の花粉を受け取ってしまう確率は高い。自分の花粉（自家受粉）で作られた種子の割合を「自殖率」というが、石田清さんが調べてみると八～九割もあった。そのかわりにホオノキをよく訪れるのが花粉を食べに来る甲虫類である。ホオノキは甘い芳香を放って甲虫類を誘き寄せて、遠くに花粉を運んでもらっている。京都大学の大学院生だった松木悠さんたちは、ハナムグリが最大一一〇〇メートルも離れた個体に花粉を運んでいることを明らかにした。意外に距離が長いので驚きの報告であった。

茜色と朱色の果実

ホオノキの果実は長さが一〇センチから二〇センチほどもある（図11－5）。螺旋状にたくさんの小さな袋果（たいか）と呼ばれる袋が並んでいて、それぞれの袋に果実が一個か二個入っている。花の数が少ない年はほとんどの袋が空っぽである。昆虫類があまり訪れず、受粉に失敗したためだろう。種子が熟しはじめると大きな果実は茜色に染まる。小さな袋が開き、中から朱色の種子がのぞく。とても派手な色彩をもつ珍果である。

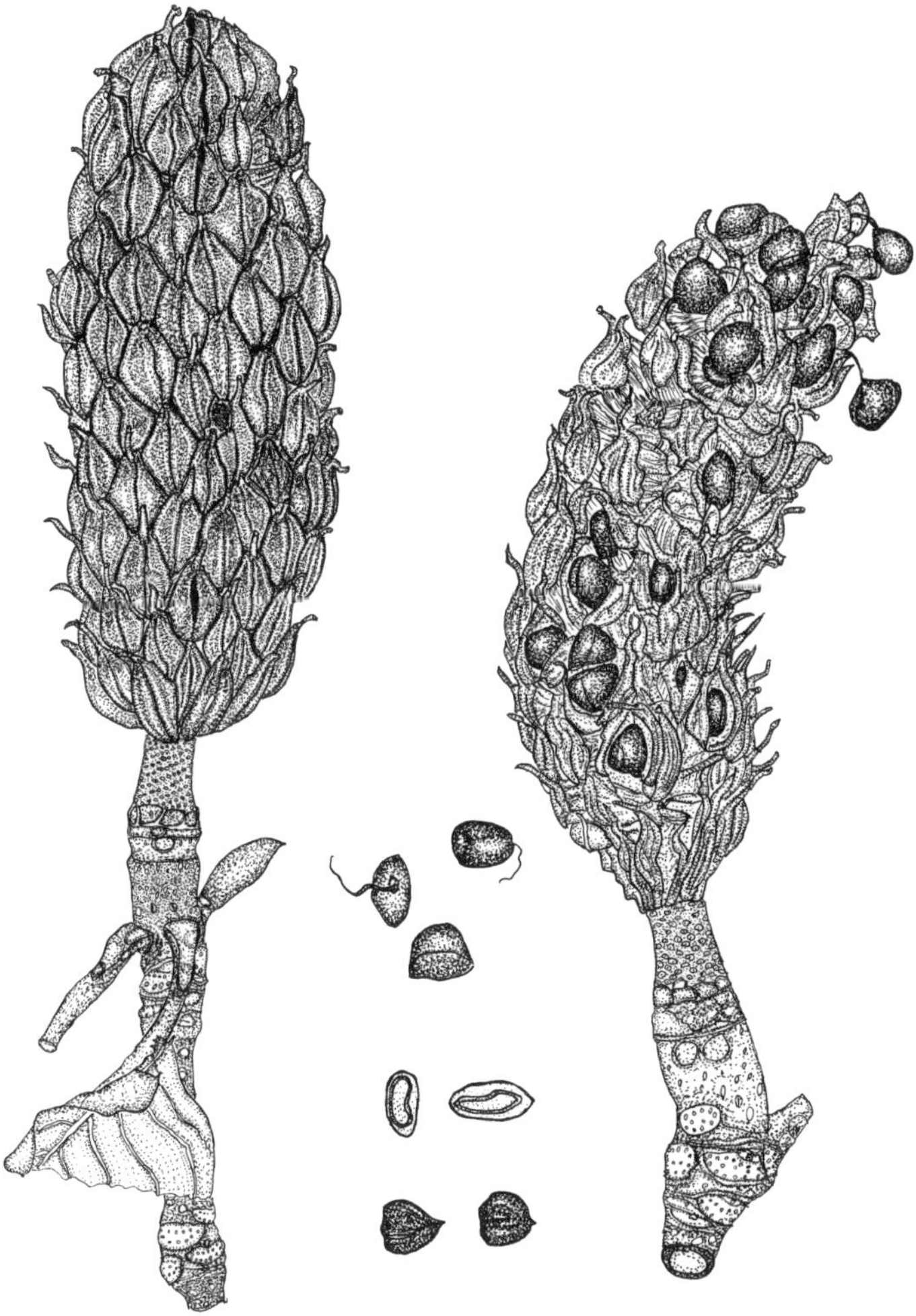

図11－5　ホオノキの果実

ホオノキの果実は長さが10cmから20cmほどもあり豪快である。それ以上にすごいのは濃厚な色彩である。熟すとバラ色がかった茜色になり、たくさんの袋果の割れ目から朱色の種子が顔をのぞかせる。鳥に食べてもらうためだろう。外にせり出し、しまいには糸のようなものでぶら下がっている。この派手な色の果実が大きな緑色の葉の間から澄んだ青空に突き出している風景は、どことなく熱帯的である。

派手な色合いに一瞬たじろいでしまうが、南十勝(みなみとかち)の原生林を拓き絵を描き続けた坂本直行は「ローズマダーからのぞくバーミリオン」と呼んで色合いを讃えた。原初の自然を見続けてきた人ならではの感性であろう。彼の描いたホオノキの絵もまた真似のできない自然のほがらかさを見せている。

元気に萌芽

ホオノキはよく萌芽する(図11-6)。一桧山の緩やかな鞍部で見られたホオノキは、直径三五センチほどの主幹に続いて太さの異なる三本の萌芽幹が並んでいた。伐られたり被陰されたりして存亡が危うくなると萌芽する木は多いが、ホオノキは違う。元気なときでも木の根元から新しい萌芽幹を出している。同じ場所で長く生き延びようとしているのだろう。

図11-6　萌芽するホオノキ
ホオノキはよく株立ちしている。伐採の痕跡がないので地上部の修復のための萌芽ではなさそうだ。このホオノキは明るい林冠に達しているので、呼吸量を減らすために太い幹を枯らし、細い幹に置き換えようとしているわけでもなさそうだ。ホオノキは今いる場所を末永く確保するために萌芽しているように見える。
幹には地衣植物が広く張りつき薄黒く見える。太い木ほど幹全面が黒く見える。
ツルアジサイもへばりついて途中まで登っている。落葉した森に夕陽が斜めに差しこんで、透き通った光にツルアジサイの黄葉が映えている。

ツルアジサイと友達

晩秋の晴れた日、調査の帰りに急な斜面を真横に突っ切って歩いていると、斜面の上のほうに太いホオノキがまっすぐに幹を伸ばしているのが見えた（図11－7）。澄んだ青空に白っぽい幹がとてもきれいだ。太いツルアジサイがホオノキの幹に付着しながらまっすぐに這い上っている。ホオノキとは相性がよさそうだ。葉のついた節から出す根（付着根）でへばりつくので適度に滑らかなホオノキの樹皮はとても登りやすいのだろう。垂直に登り終えると太い枝を伝って樹冠の中に広がっている。しかし、ツルアジサイは太い枝の途中で伸びるのをやめてしまい、樹冠の先端の細い枝まで伸びることはない。したがって、ホオノキの葉を覆い尽くすことはない。

人工林の保育管理において「ツル伐り」は必須の作業だが、ツルアジサイは「ツル伐りしなくともよい」と学生実習で教わったことがある。ツルアジサイは、葛や藤のように樹冠全体を覆って樹を死なせることはないからである。ツルアジサイは枝先にクリーム色の両性花が多数集ま

図11－7　下から見上げたホオノキ

急斜面を横切っていると上のほうに太いホオノキが見えた。直径が56cmあった。ホオノキにしては太い部類である。その幹をまっすぐに直径10cmほどのツルアジサイが這い上っていた。

見上げると樹冠の中に丸い花のようなものがたくさん見える。それらは、３～４mmの小さな球形の果実がたくさん集まったツルアジサイの円形の果序である。

った花序を作る。それらが秋になると、三〜四ミリの小さな球形の果実になり、たくさん集まった円形の果序となる。樹冠の中に丸い花のようなものがたくさん見えるのがそれである。ツルアジサイという名にふさわしく、花序の周辺にはアジサイによく似た四枚の白い花びらのような萼をもつ。楚々とした装飾花である。

クリ——栗

尾根に集う

一桧山保護林は巨木の森である。直径一メートル前後のブナ、ミズナラ、トチノキ、クリが林立する老熟の森である。そこに三本の尾根と三本の谷を含む六ヘクタールの試験地を設定したところ、クリは三本の尾根、それぞれのてっぺん辺りに集中して分布していた。それぞれの尾根に数十本ずつ、それも直径が四〇～五〇センチから七〇～八〇センチの太いものが多く見られた。時に一メートルを超えるものも散見された。二〇センチ以下の細い木は少なく直径の頻度分布は凸型を示した。凸型の分布形というのは、若い木が新しく更新していないことを示している。以前に何らかの大きな撹乱が尾根の周辺で起きて、明るくなったところにクリが一斉に更新したのだろう。

そこで、三〇本ほどのクリの樹齢を成長錐で調べてみた。予想通り、今から九〇年前から一二〇年前頃に更新したものが九〇パーセントもあった。おそらく、一二〇年ほど前に大きな攪乱がありその後の二〇〜三〇年ほどの間に広い尾根に種子が運ばれゆったりと更新したものと思われる。多分、大きな台風によって老木がまとめて倒されたのだろう。ひょっとしたら、山火事かもしれない。しかし周囲にはミズナラやブナ、トチの大径木が見られるので尾根だけ燃えるのは変である。燃え残りの炭になった株も残っていない。多分「火」以外の攪乱だろう。いずれにしても、あまりにも昔のことなので想像するしかないが、クリがある程度の広さをもった明るい攪乱地で更新してくるのは確かである。林道沿いや、コナラの伐採跡地などでもよく見られる。

熊棚――熊を留め置く

晩秋に広大な一桧山試験地の再調査をしていたときのことである。斜面の中腹から尾根にかけて太いクリの枝が何本も落ちていた。直径が八〜九センチもあり、折れ方も不自然だなと思って周囲を見回すと、中身（子葉）が器用にくりぬかれたクリの堅果がたくさん落ちていた（図12－1）。歯形もついていたのでツキノワグマの仕業だとわかった。上を見上げると枝先がなくなって少し貧相になったクリの裸木の姿がそこにあった。熊は折った枝のクリを食べ尽くすと、枝を一ヶ所に集

図12－1　熊が食べたクリの堅果
大きなクリの木の下に、中身（子葉）が食べられたクリの果皮がたくさん落ちていた。果皮はグシャグシャに変形し歯形もついていた。ツキノワグマが噛み潰して中身だけを食べ、果皮を吐き出したものと思われる。随分と上手に食べるものである。周囲にたくさんある熊の糞には果皮が混じっていない。ミズナラのドングリと違って果皮まで全部食べることはないのだろう。

めて敷き詰める。まるで、鳥の巣のように見える。相撲取りの座布団のようにも見える。「熊棚」である（図12－2）。熊棚が作られているのは地上二〇メートルほどの樹冠の上部だ。熊は通直な幹をいともたやすく登っている。それも随分と細い枝先のほうまで登っている。これを見たら、熊に追いかけられても木に登るわけにはいかないだろう。

それにしても熊は枝を折りすぎている。太い枝が大量に折られているのでクリの木は翌年、葉が少なくなって苦労するだろう。そのかわり、暗い地表に光が差しこみ下層の植物が旺盛に生育するかもしれない。熊はギャップを作り、森林生態系の遷移を促すエンジニアなのかもしれない。「森林の動態に及ぼす熊棚の影響」といった研究ができそうである。

近年、熊が頻繁に里に下りてくる。東北大学フィールドセンターのトウモロコシは電気の柵を三段に張り巡らしても全部食べられる。栽培グリも全部食われる。多分、山間地に人の気配がなくなり、犬も家の中で飼われ、熊が嫌がるものが少なくな

図12－2　クリの木に作られた熊棚

熊の糞があちこちに見られ少し臭う林床で、上を見上げるとどのクリの木にも、てっぺんのほうに鳥の巣のようなものが見える。よく見ると折られた枝が座布団のように敷き詰められている。「熊棚」といわれるものだ。熊がクリの堅果を食べるために折った枝を敷き詰めているのである。

この絵の中の真ん中の木は直径56cmで高さ24mほどであった。混み合っているので枝は枯れ落ちてまっすぐに伸びている。つかまる枝もない幹に強力な爪を立てて、ツキノワグマは高いところまでわけもなく登っているのだ。

ってきたためだろう。山村の崩壊が野生動物を人里に近づけているのは間違いない。しかし、根本的な理由は他にある。毎年のように栄養豊富な果実を大量に結実させる大きなクリの木がなくなってしまったためである。クリの木は枕木を作るために大量に伐られ、里山に近い二次林のクリもスギやヒノキに置き換えられた。奥山のブナやミズナラの豊作年は数年に一度であり、両者の不作が重なる年は多い。それらに比べクリは極端な凶作は少なく、ほぼ毎年結実する。越冬前の熊にとって、毎年実るクリは頼みの綱ともいえる存在なので「クリさえあればどうにかなる」と思っていただろう。クリを奪われ、どうしたらよいのか、本当に困ったに違いない。熊の身になればすぐにわかることなのに。人間も目先の利益に目が眩んで、やることが道理に暗い。

クリの樹々を元通りに増やし、たくさん実のなる巨木まで育てることが熊を山に留め置くことに繋がる。熊棚のクリの木も「昔のように太いクリの木がたくさんあればこんなに折られなくても済むのに」、そう言っているようだ。

白っぽい木

梅雨の合間の七月初旬。遠くの木が白っぽく見える。山の中でこんな時期に咲くのはクリの花しかない。近づくと独特の匂いでわかる。さらに近づくと一〇～二〇センチほどの穂が葉柄の付け根

（葉腋）から出ている（図12－3）。たくさんの雄花が穂状の花序になって咲いている。一個一個の雄花を目を凝らして見ると、クリーム色の細長い雄しべが十数本もあちこちに向かって突き出している。

雄花序はまず基部の葉の葉腋から出てくるが、当年生の枝（シュート）の伸長に伴い、上の葉の葉腋からも次々に伸びてくる。新しい葉の葉腋から出た雄花序を見ると、その根元付近に今度は雌花序が一個咲いている。雌花序は三個の雌花がまとまって一つの総苞の中に入っている。それぞれの雌花はこれもまたクリーム色の細長い柱頭を七～八個伸ばして、昆虫たちが花粉を運んでくるのを待っている。総苞は発達してクリのイガ（殻斗）になる。しだいにトゲトゲのイガが発達し、クリの果実（堅果）が大きくなるのを守る。うまくいけば、秋にはおいしそうな堅果が三個見られることになる（図12－3上）。

クリの開花はまだ続く。雌花が咲き終わる頃になると、その花序の先の雄花が咲きはじめる。なんだか、ややこしい。つまり、最初に大量の雄花が咲き、その後、雌花が咲く。そしてもう一度、少しだけ雄花が咲く。雄花、雌花、雄花といった順番だ。なぜ、クリはこのような咲き方をしているのだろうか。多くのクリの木の花の観察をしていた東北大学大学院生の長谷川陽一くんは、「個体内でずらして自家受粉を減らすだけでなく、個体間でも少しずつ開花時期がずれているので、他家受粉を促すためだろう」と推論している。ホオノキと似ている。

図 12－3　クリの花と果実

葉柄の付け根から 10 ～ 20cm ほどの穂状の花序が伸びてくる。クリーム色の雄しべを十数本突き出し雄花がたくさん咲きはじめる。このような雄花序はシュートの伸長に伴い、次々と上の葉の葉腋（ようえき）からも伸びてくる。さらに、新しい葉の葉腋から出た雄花序の根元には雌花序が 1 個咲きだす。雌花序の中には雌花が 3 個入っており、受粉後発達し、秋には堅果が 3 個見られるようになる。
雌花が咲き終わると、その先端の雄花が咲きはじめる。クリは雄花、雌花、雄花といった順に時期をずらして咲く。自家受粉を減らすためだろう。

蜂も人も喜ぶ遅い開花

クリの花が咲きはじめるのは六月末である。その後も開花は七月いっぱい続く。他の樹種より遅めのホオノキの開花でさえ六月初旬なので、それよりもかなり遅い。サクラ類やカエデ類など多くの木の花は四～五月に開花するのでそれよりも二ヶ月以上も遅い。蜜や花粉を集めて暮らすミツバチや甲虫類にとっては、遅れてやってくるクリの満開は絶好の採餌のチャンスなのである。さまざまな樹種が共存する森は蜂たちにとって長い間エサを与えてくれる、とても棲み心地のよい場所なのだ。北海道林業試験場の真坂一彦さんは、多様性の高い森ほど蜜の生産量も多くなることを報告している。「多種共存の森を復元することは人間にも恵み深い」ということをクリは教えている。

花粉を選ぶ昆虫たち

クリの花が咲きはじめるとさまざまな昆虫たちが訪ねてくる。長谷川くんが高さ一二メートルの櫓のてっぺんに登り調べてみると、マルハナバチ（図12－4）や小型のハナバチ、ハエ、ハナアブ、ハナムグリ、カミキリモドキなどの小型の甲虫、ヒョウモンチョウなどがやって来た。そのせいかクリの柱頭にはたくさんの花粉が溢れている。しかし、これらは他の個体から運ばれた花粉（他家

図 12－4　クリの雄花から蜜を吸うマルハナバチ

クリは自分の花粉では種子を作ることができない。他の木から花粉を運んでもらってはじめて種子を作ることができる。クリの花にはたくさんの種類の昆虫が訪れるが、他家花粉の割合がもっとも高いのがマルハナバチだ。

それにしてもマルハナバチは愛らしい。春先、地中に半分埋まっていた枝を拾い上げたら、枝の洞（うろ）から眠そうにごそごそ出てきた。女王蜂が冬眠していたのだろう。それ以来、家の周りの花々をいつも数匹のマルハナバチが飛びまわっていた。近づいても逃げない。大きな羽音を立てて蜜を吸う姿はいつまで見ていても飽きない。

花粉）もあれば、自分の花粉（自家花粉）もある。クリは樹冠全体が白くなるほど一斉にたくさんの花を咲かせるので、昆虫たちは同じ木の樹冠内であっちの花、こっちの花と行ったり来たりしているようだ。いくら雄花と雌花の開花時期をずらしたとしても、自家受粉する場合が多いのではないだろうか。そう予測した長谷川くんはクリの雌花の柱頭についた花粉を一粒ずつ取り出し、それぞれからＤＮＡを抽出して自家花粉か他家花粉かを調べてみた。予想通り、柱頭に付着している花粉の九〇パーセントが自家花粉であった。これでは、よい果実はできないだろう。

しかし、予測は覆った。秋に成熟した果実のＤＮＡを調べてみたところ、驚くべきことにすべて他個体の花粉による「他殖種子」であった。自家花粉によってできた「自殖種子」は〇・三パーセントにすぎなかったのだ。柱頭に付着した自家花粉は、多分、発芽できなかったのだろう。たとえ発芽できたとしても、花粉管の伸長速度が他家花粉より遅くて競争に負けてしまい、胚珠に届かず受精できなかったのだろう。クリは自分の花粉では子供を作らない「自家不和合性」なのである。

マルハナバチのおかげ

クリは他の木から花粉を運んでもらってはじめて種子を作ることができる。では、どんな昆虫がよその木から花粉を運んでいるのだろう。長谷川くんは花に訪れた昆虫を一匹一匹捕まえて、体に付着した花粉一個一個からＤＮＡを取り出して調べた。他家花粉の割合が一番高いのがマルハナバチだった。七割弱と圧倒的に高い。次に高いのが小型のハナバチ類で三割強。ハエやハナアブが三割弱と続いた。ハナムグリ、カミキリモドキなどの小型甲虫が二割弱で最低であった。クリが実るのはさまざまな昆虫のおかげなのである。

マルハナバチの他家花粉の割合は、ホオノキでは一割ほどだという。これはクリの七割よりかなり低い。多分、ホオノキは成木が互いに遠く離れているので、マルハナバチは行き来しにくいのだろう。さらに蜜も出さない。それに比べ、クリは大きな木が近い距離にたくさんあるので行き来しやすく蜜を出すので、やっぱり惹きつけられるのだろう。

ネズミを使って「ギャップ」に堅果を運ばせる

クリの種子（堅果）はおいしい。野生のものは生でも食べられる。そのかわり、「生栗ひとつ屁八十」と小さい頃に教えられた。真偽は試していただきたい。

クリを好きなのは熊だけではない。森の動物たちはみな大好物だ。ミズナラ、コナラなどのドングリ類はタンニンを多く含む。タンニンは消化管に損傷を与え、腎臓や肝臓に負担を与えることもある。トチノキの実はさらに毒性の強いサポニンを多く含んでいる。クリはタンニンもサポニンも少なく、ブナと並んで食べやすい食料である。だからだろう。クリが熟す頃になると森の中に多く棲むアカネズミやヒメネズミがクリの木の下を徘徊しはじめる。落ちてきた堅果は、すぐに口に咥えてどこかに運んでいる。どこに運んでいるのだろうか。

クリの堅果に磁石を埋めて、金属探知機で毎週探し出すといった方法で調べてみた。若い落葉広葉樹林の林床に堅果を置くと、予想通り、すぐにアカネズミとヒメネズミがやって来た。堅果を見つけるとまず近くに埋め、そしてそれをさらに掘り起こし、また遠くに持っていき埋める、といったことを何度も繰り返していた。埋めるといっても落ち葉をひっくり返して浅く押しこんでまた落ち葉をかけて隠す程度のことである。堅果を置いた場所から最大で三五メートルほど遠くまで運んでいた。ミズナラのドングリとほぼ同じ距離であった。

しかし、翌年になって発芽するものはきわめて少ない。ほとんどのクリはネズミたちが遠くに運ぶ途中や、冬の間に食べてしまう。また、森の中を注意深く見ると直径数センチの小さな穴がいたるところに開いている。そのほとんどがネズミの巣穴に通じている。どこまで通じているのか掘り起こしてみた。しかし、スコップで掘っても掘ってもなかなか終点が現れない。地下七〇～八〇センチの深さまで掘り進むと、やっと広い巣穴が現れた。そこにクリの堅果が大量に蓄えられていた。巣穴に持ちこまれたものはすべて食べられてしまう。たとえ、食べ残しがあっても深いので地上に顔を出すことはできない。こうして見るとネズミにエサを与えているだけに思えるかもしれない。

しかし、わずかだが、食べ残されて発芽しているものもある。東北大学大学院生の渡辺あかねさんは四五〇個の堅果に磁石を入れて金属探知機で追跡したのだが、四個だけ発芽した。一パーセント弱である。それも暗い林冠下では一個も見られず、ギャップだけで見られたのである。渡辺さんは磁石を入れたクリの堅果をギャップとの境界に置いたのだが、林内に運ばれたものはすべて食べられ、ギャップに運ばれた堅果だけが発芽したのである。もともとクリは陽樹なので明るい場所でなければ定着できないし、大きくもなれない。クリにとっては喜ばしい限りだが、なぜ、ギャップでは食い尽くされないで発芽しているのだろうか。

それは「堅果の落下時期」に秘密があることを、同大学院生の佐藤元紀くんの地道な観察が明らかにした。金属探知機での堅果の探索を毎週のように繰り返し、堅果の移動をこまめに追ったのである。クリは九月頃に堅果を落下させるが、その頃はギャップには草や低木の葉が茂っている。ネズミは藪に身を隠しながら堅果を埋めに行く習性があるので、ギャップの中の茂みを伝ってギャップ内のさまざまな場所に堅果を埋めに走りまわる。しかし、しだいに草が枯れ、低木の葉が落ちてくると、だんだんネズミが身を隠す場所がなくなってくる。「フクロウに食われてしまうかもしれない」。ギャップに埋めた堅果を掘り起こして、再度、運んだり食べに行こうとしても怖くて行けなくなる。ネズミはギャップに運んでおいたクリを諦めてしまうのである。

クリの母親はギャップに草や低木が生い茂っているうちに早めに堅果を落とすことによって、ネズミを使ってギャップに堅果を運ばせているのである。このタイミングは「偶然」というよりクリの母親の「したたかな計算」なのだろう。やはり、子供がちゃんと生き残って大きく育つようにと深く考えてのことなのである。

楽天家のクリと忍耐のミズナラ

明るいギャップや林縁などで発芽したクリの芽生えはどんどん大きくなる。次々と新しい葉を展開しながら遅くまで成長を続ける（図12－5）。いわゆる「順次開葉型」である。しかし、なぜか、暗い林冠の下でも同じようにどんどん葉を展開しようとする。これは同じ遷移初期種のシラカンバやダケカンバも同じであり、光環境によって葉の展開の仕方を変えようとしない。明るいところに適した振る舞いしかできないのである。イタヤカエデやミズナラなど遷移後期種が場所によって葉の展開の仕方を可塑的に変えるのとは大違いである。そのせいか、クリは、暗い林床ではあまり長く生きていけない。種子が大きいので発芽した年は種子の貯蔵養分を使って生き延びる。しかし、暗いところでも新しい葉を出すので光合成で得られる炭素量より呼吸で消費する量が多くなり、しだいに炭素収支を悪化させ生きていけなくなる。一桧山の天然林でクリの実生を調べてみると、そのほとんどが当年生か一年生のもので二年生はほとんど見られない。

図 12－5　クリの芽生え

１個の種子から根が２本伸びだし、その後、主軸（上胚軸）も２本伸びだした。これはたまに見られる多胚種子だ。一番右の芽生えは７月初めに抜き取ったものだが、細根に「外生菌根菌」が共生し根の養分吸収を助けている。クリはオニグルミと同じ順次開葉型で、次々と新しい葉を展開しながら上へ上へと成長を続ける。

クリが暗い森の中で生きていけない理由はそれだけではない。ミズナラなど遷移後期種と比べると葉の中にタンニンやフェノールなどの防御物質をさほど充塡しないことも大きな理由である。暗い林内では病原菌や葉を食べる虫がたくさんうごめいているが、それらの攻撃から身を守ろうとはしていないのである。クリの芽生えはミズナラの芽生えに比べ根の炭水化物の蓄積も少ない。ミズナラの芽生え（図10-5、一九五ページ参照）に比べ根の辺りがあまり肥大していないことからもわかるだろう。ネズミに食われても萌芽して再生しようとは思っていないのである。暗い森で生き延びるための余計な投資はしないと決めているようだ。とにかく明るいギャップで早く上に伸びていくことしか考えていない。だから葉と地上部の幹（主軸）や枝葉にだけ投資し、上へ上へと伸びようとしている。したがって、クリは明るいギャップでは周囲に繁茂する草や低木にも負けずに定着する。ギャップだけに適応した生存戦略をもつ種である。一方の遷移後期種のミズナラは、林内でネズミに齧られても根に溜めたデンプンで萌芽し再生する。葉に溜めたタンニンやフェノールで病原菌を撃退している。暗い林内ではあまり大きくなれないが、長く生き延びることができる。このようにクリとミズナラといった同じブナ科の近縁の二種でも、クリはギャップで早く大きくなるが林内では生き延びることができない。一方のミズナラは暗い林内でじっと耐えて生き延びるがギャップでの成長はクリほどではない。これを、生態学では「成長と生存のトレードオフ」と呼んでいる。これらの関係は東北大学大学院生の今治安弥さんが多くの野外実験や化学分析を行って明らかにしたことである。

このようなトレードオフ関係は近縁な二種だけで見られるわけではない。熱帯でも温帯でも、同じ森に棲むさまざまな樹種で成り立つことが最近明らかになっている。たとえば、シラカンバやケヤマハンノキなどの遷移初期種は暗い森の中ではすぐに死ぬが大きなギャップでは猛烈なスピードで大きくなる。一方のミズナラやイタヤカエデは、大きなギャップでは成長速度は落ちるが暗い森の中では長く生き延びることができる。このようなトレードオフ関係が成り立つことは多様な種が一つの大きな森で共存できることを示している。つまり、一つの大きな天然の森には暗い林内だけでなく大小さまざまな明るいギャップがあり、明るいギャップではシラカンバやケヤマハンノキが優占し、暗い林内ではミズナラやイタヤカエデが定着することができるのである。林内でもギャップでも、どこでも一番強い樹種がいればトレードオフ関係は成立しないが、自然界にはそういうスーパーマンはいないのである。すなわち、トレードオフというあちらが立てばこちらが立たないといった関係がそれぞれの樹種のハビタットを保証し、多種の共存を生み出しているのだ。

なぜ、野生種のクリは栽培種より小さいのだろう

「クリの実は大きい」と思っている人は多い。しかし、それは栽培グリの話である。よりおいしく、

そしてより大きいクリを実らせる個体を長年にわたって人間が選抜してきた成果である。栽培グリでは大型の品種は三〇グラムもある。しかし、野生のクリは栽培種に比べかなり小さい。小さいもので一グラムほど、平均でもおよそ二～三グラムほどだ。その差はおよそ一〇倍もある（図12−6）。なぜ、野生のクリは小さいままなのだろう。

その理由は明快である。クリは暗い林内で定着するつもりがないからである。トチノキやミズナラなどは林内で生きていくため大きな種子が選択されてきた。暗い林内でも大きな種子から養分を補填して生き延びようとしている。しかし、クリはもともと暗いところでは光合成産物をあまり作ることができない、つまり耐陰性がないので貯蔵養分を増やしたところで暗い林内では長く生きていけない。大種子を作っても意味がない、という消極的な理由が一番だろう。

積極的な理由としては、小さい種子をたくさん作ったほうが大きい種子を少なく作るより、ギャップに散布される頻度が増すからである。とにかくネズミにギャップに持っていってもらうには数が必要なのである。それだけでなく、さらに積極的に小種子を作る理由が前述の渡辺あかねさんの研究から明らかになった。

明るいギャップでも、特に窪地のような肥沃な土壌では小種子由来の実生でも大種子由来に劣らない成長をすることがわかった。小種子由来のほうが土壌の窒素をたくさん吸って窒素濃度の高い葉を展開し活発に光合成をして大種子由来の実生と同等のサイズまで成長したのである。したがっ

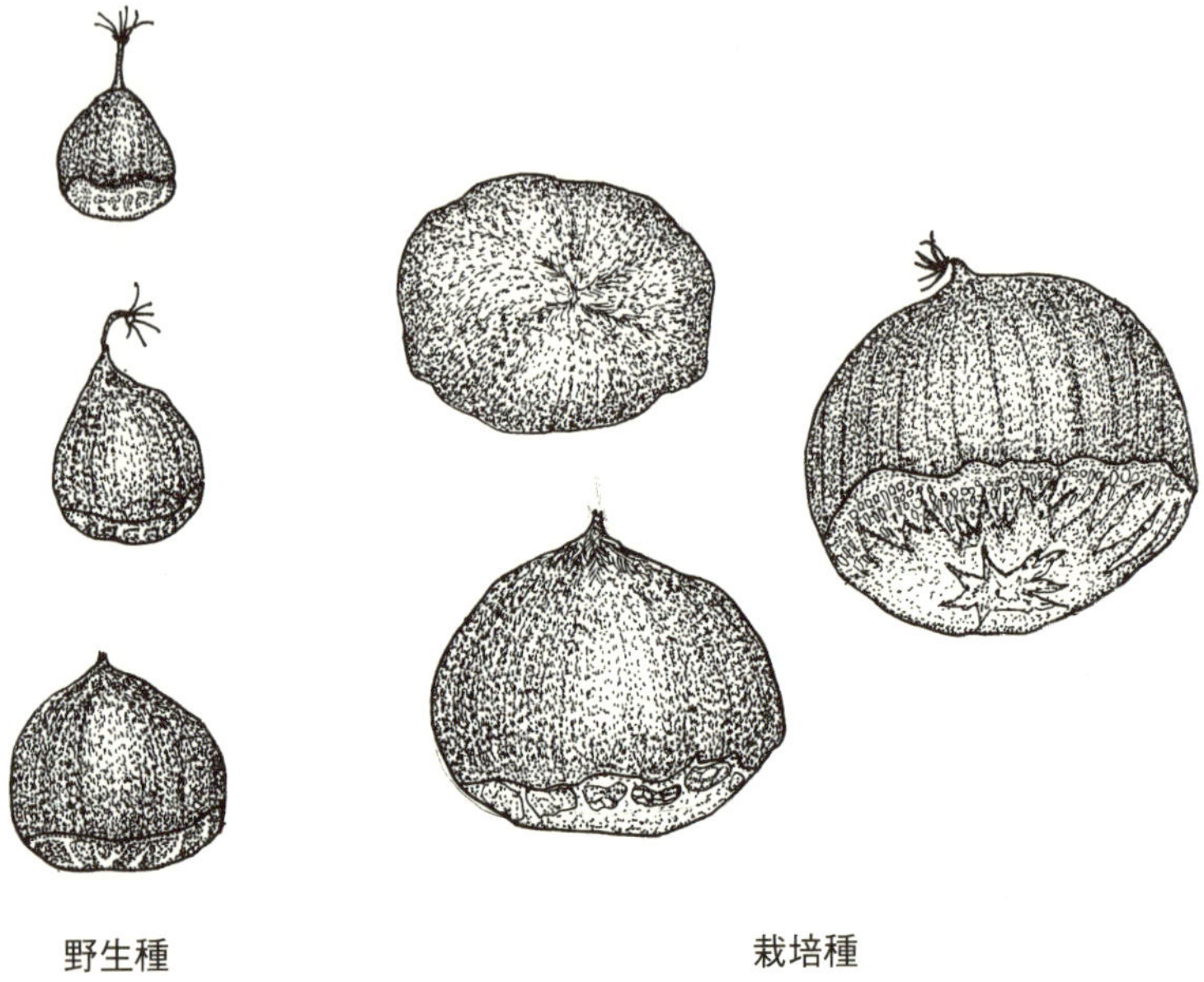

図12−6　野生のクリは栽培グリより小さい

野生グリの種子（堅果）のほうが栽培グリのそれより圧倒的に小さいし軽い。10分の１程度である。クリはもともと耐陰性がないので暗い林内では発芽しても１〜２年で死んでしまう。とにかくギャップに運ばれないと芽生えは定着できない。したがって、小さい種子をたくさん作ったほうが、大きい種子を少し作るより、ネズミがギャップに散布する頻度が増す。

さらに、同じギャップでも、肥沃なところでは小種子由来の実生のほうが土壌窒素をたくさん吸って窒素濃度の高い葉を展開し、活発に光合成をして大種子由来の実生と同等の成長をする。クリのお母さんは、大種子を少量作るより小種子をたくさん作ったほうが芽生えの定着率が高くなることに気づいたのである。

てクリのお母さんは、同じエネルギーを投資するなら、大きな種子を少量作るより小さな種子をたくさん作ったほうが子供の定着数が増加する可能性があることに気づいたのである。

しかし、ネズミはクリをけっこう深いところまで埋める。あまり種子が小さいと地上に出てくることができない。だから、小さすぎても子供が育たない場合も出てくる。いろいろなことを想定しながら、なるべく生き残る子供が多いことを願ってクリのお母さんは最適な子供（堅果）のサイズを決めているのだ。それが、あまり大きくもなく小さくもない今の野生のクリの重さなのだろう。

牛小屋の柱

子供の頃、同じ屋根の下に牛が住んでいた。土間の端で出産や小便をする姿を間近に見て過ごした。そこに一本の太いクリの柱があった。牛はもういないが柱は健在だ。磨かれて鈍い艶を放っている。家の土台もクリだ。礎石の上で二〇〇年以上も家を支えている。「まだ、まだ」という声が聞こえてくる。ほんの最近の風潮を除けば、古来、山の樹々は伐られても木材として大事にそして長く扱われてきた。多分、森が身近だった時代は、太い樹々の再生に要する「時間」をその材を使う人々がよく知っていたのだろう。同時に、長く生きた樹は木材になっても長く保たれることも経験的によく知っていたと思われる。だから無残なことはしたくなかったのだろう。

巨木のやさしさ

一桧山の緩やかな斜面には通直なクリの木が多く熊棚がたくさん見られた。けれども、少し登って尾根のてっぺんに向かうにつれ、ずんぐりと背の低い、しかし太いものが増えてきた。幹の下のほうから太い枝を出している樹々も何本も見られる（図12－7）。太い枝が抜け落ちウロ（樹洞）ができているものも多い。樹洞の大きさはヤマネやモモンガ、リスやフクロウの棲家にちょうどよい。ウロのある巨木は森の小動物にやさしい。

しかし、風変わりな形をした巨木はいち早く伐採されてきた歴史がある。「収入が見込めない形質不良木は、健全な森林経営には不要で邪魔者である」「成長量の稼げない老齢木は伐採し、若木の更新を図ったほうが森林は活性化し健全にな

図12－7　クリの巨木
一桧山（いっぴつやま）の尾根のてっぺん付近には奇妙な形のクリの木が多い。その中でもとびきり太く直径が101cmのこの木は、幹から丸太ん棒のような枯れ枝が両側に突き出ている。まるで人間のような姿に見える。この木は若い頃はのびのびと太い枝を八方に広げていたと思われる。しかし、周囲の木が成長するにつれ、しだいに被陰され枯れてしまい、強風で先が折れたのだろう。
幹の上のほうには、太い枝が枯れて抜け落ちてできたと思われる空洞がいくつも見られる。フクロウ、ヤマネ、モモンガ、リスなどの巣穴にはもってこいの樹洞である。しかし、このような木は木材としては価値がないので、日本では早めに切り捨てるような森林施業が行われてきた。保護林に指定され生き残ったクリの巨木は周囲の仲間たちが伐り尽くされるのを長い間見てきたと思われる。何かを言いたそうである。できれば、耳を澄ましてその声を聞いてみたいものである。

る」。かつての林学の先生は学生たちにそう教えた。林業技術者も絶えずそう言い続けてきた。目先の経済に惑わされた非科学的な「常識」に支配されてきた。今、生き残ったクリの巨木は静かに立ったまま何を想っているのだろう。何か言いたそうにしているが、その声は聞く耳のある人にしか届かないようだ。

おわりに

この本は「もの言わぬ」樹木の気持ちを代弁したものである。といってもじかに木の声を聞いたわけではない。できることなら、生の声を聞いてみたいと思ってはいるが、そんなことはできそうにもない。しかし、アイヌの神謡(しんよう)を見ると人々が樹々と普通に会話を交わしている。「カツラの木の神が〝明日は恐ろしいものに会うが、力を貸してやるから気をつけて歩くように〟と忠告してくれた」などという日常の出来事がふんだんに出てくる。これは生活のすべてを森に頼って生きてきた人々の感謝の気持ちを「比喩」として表していると解釈することもできる。しかし、毎日、森に入り巨木の中をひょいひょいと飛びまわって熊を追いシカを射止めていた人々が樹々に祈ることによって木の言葉を聞けるようになったとしても不思議ではない。そんなことは非科学的だと一笑に付すには残された伝承が多すぎるし、一つひとつが具体的だ。アイヌの人たちは一本の木を伐るとき、「何々のために必要だから伐ります。どうぞアイヌにこの木だけをおさげください」と丁寧に天界に帰すカムイノミ（儀式）をし、ヤナギやミズキで作ったイナウ（御幣）や酒、食べ物を捧げた。そうすると、木の神は喜んでその身を差し出したのである。「樹々は神の国から人間の国におろされ、人間の役に立ちたがっている」という考え方が根底にある。人間もそれに感謝し、伐りすぎることやおろそかにすることは決してなかったのである。

我々は樹々を「科学」しているが、まだ解明していることは少ない。樹々のことは知らないことだらけだ。アイヌの人たちとは知識の質も異なるし、樹々と相対するときの気持ちも違う。科学的な見方もたいしたものでもないのに、木の気持ちを語るなどという本書のタイトルは「おこがましい限り」である。しかし、自然からあまりにも隔離した日常を暮らす現代人には、少しでも樹々の普段の姿を知るということは必要なことなのである。木の日常を知ることが、樹々に共感し愛着をもち、少しでも木のため森のためになればと思って書いたものである。翻って、それが人間のためにも将来重要な意味をもつことになるのである。

いずれ近代科学の解析的な見方ももっと進歩して、樹々の生きざまに関する知見は飛躍的に増えていくことだろう。しかし、アイヌの人々がもっていたような樹々への畏敬の念を再び取り戻すことはできるのであろうか。樹々を敬う気持ちを取り戻せば、樹々の本当の声も聞こえてくるような気がしている。

いずれにしても、現代人に樹の声が届かなくなって久しい。ただ、この本でも何度も述べてきたように、老熟林に一歩足を踏み入れると、静かなそして深い憂いに満ちた巨木たちが人間に向かって何か語りかけようとしているのは間違いない。いずれ、本当の気持ちを聞いてみたい。

この本ではさまざまな広葉樹の生態を描いたが、森に出かけて手に取って自分の目で見たことだけを書くように心がけた。絵はほぼすべて実物を見て描いたもので、森の調査や観察の合間に描きためたものである。ただ、いくつかは写真を参考にして描いたものもある。

とはいっても、本書の内容は先人の業績や先輩や友人、学生さんなどとの議論に負うところが大きいことを断っておきたい。都合上、すべての文献を引用したりお名前を挙げたりすることができなかったことをお断りしたい。お世話になったすべての人に、ここでまとめて感謝いたします。

菊沢喜八郎さんには、研究の基本を「よく歩く」ことだと教えていただいた、感謝いたします。本書の趣旨を汲み取っていただいた築地書館の土井二郎さん、多大な編集の労をとっていただいた黒田智美さんに感謝いたします。六〇年にわたり絶えることのない叱咤激励をいただいた年老いた両親庄衛門・晶子、日々励ましてもらうとともに早朝から芽生えの調査まで手伝ってくれた妻の公子に感謝します。

参考文献

Asai, T., Kikuzawa, K., Mizui, N. and Seiwa, K. 1987. Regeneration of coniferous and broad-leaved trees in natural mixed forest in eastern Hokkaido, Japan. In Human impacts and management of mountain forest, Edited by Fujimori and M. Kimura. 351-359

浅井達弘　二〇〇〇　ハウチワカエデの雌雄異熟性　北海道林業試験場研究報告　三七：二七—四〇

Fenner, M., Thompson, K. 2005. The Ecology of Seeds. Cambridge University Press.

深澤遊・九石太樹・清和研二　二〇一三　境界の地下はどうなっているのか——菌根菌群集と実生更新との関係　日本生態学会誌　六三：二三九—二四九

福岡イト子　一九九五　アイヌ植物誌　草風館

長谷川榮　一九八四　北海道における天然生海岸林の保全に関する基礎的研究——石狩海岸におけるカシワ林の構造と更新　北海道大学農学部演習林研究報告　四一：三一三—四一二

Hasegawa, Y., Suyama, Y. and Seiwa, K. 2009. Pollen donor composition during the early phases of reproduction revealed by DNA genotyping of pollen grains and seeds of *Castanea crenata*. *New Phytol* 182: 994-1002

Hasegawa, Y., Suyama, Y. and Seiwa, K. 2015. Variation in pollen-donor composition among pollinators in a hardwood tree

species, *Castanea crenata*. *Plos One*（http://journals.plos.org/plosone/article?id=10.1371/journal.pone.0120393）
Imaji A, Seiwa K. 2010. Carbon allocation to defense, storage, and growth in seedlings of two temperate broad-leaved tree species. *Oecologia* 162: 273-281
井鷺裕司・陶山佳久　二〇一三　生態学者が書いたＤＮＡの本――メンデルの法則から遺伝情報の読み方まで　文一総合出版
石田仁・菊沢喜八郎・浅井達弘・水井憲雄・清和研二　一九九二　ギャップと閉鎖林内における高木性各種幼稚樹の分布と伸長成長――北海道日高地方の針広混交林（短報）　日本林学会　七三：一四五―一五〇
Ishida, K. 2006. Maintenance of inbreeding depression in a highly self-fertilizing tree, *Magnolia obovata* Thunb. *Evol Ecol* 20: 173-191
金子繁・佐橋憲生編　一九九八　ブナ林をはぐくむ菌類　文一総合出版
Kanno, H. and Seiwa, K. 2004. Sexual vs. vegetative reproduction in relation to forest dynamics in the understorey shrub, *Hydrangea paniculata* (Saxifragaceae). *Plant Ecol* 170: 43-53
萱野茂　二〇〇〇　アイヌ歳時記――二風谷のくらしと心　平凡社
菊沢喜八郎　一九八三　北海道の広葉樹林　北海道造林振興協会
菊沢喜八郎　一九八六　北の国の雑木林――ツリー・ウォッチング入門　蒼樹書房
Kikuzawa, K. 1988. Dispersal of *Quercus mongolica* acorns in a broad-leaved deciduous forest.1: Disappearance. *For Ecol Manage* 25: 1-8
菊沢喜八郎・水井憲雄　一九九二　樹木だより――ベニイタヤ・イタヤカエデ　光珠内季報　八九：二〇―二三
菊沢喜八郎　一九九五　植物の繁殖生態学　蒼樹書房
Kikuzawa, K., Seiwa, K. and Lechowicz, M. J. 2013. Leaf longevity as a normalization constant in allometric predictions of plant production. *Plos one* 8（12）: e81873. doi:10.1371/journal.pone.0081873

Kimura, M., Goto, S., Suyama, Y., Matsui. M, Woeste, K. and Seiwa, K. 2012. Morph-specific mating patterns in a low-density population of a heterodichogamous tree, *Juglans ailanthifolia. Plant Ecol* 213, 1477-1487

Kimura, M., Seiwa, K., Suyama, Y. and Ueno, N. 2003. Flowering system of heterodichogamous *Juglans ailanthifolia. Pl Sp Biol* 18: 75-84

小池孝良編　二〇〇四　樹木生理生態学　朝倉書店

Konno, M., Iwamoto, S. and Seiwa, K. 2011. Specialisation of a fungal pathogen on host tree species in a cross-inoculation experiment. *J Ecol* 99: 1394-1401

真坂一彦（印刷中）　シラカンバ　日本樹木誌（Ⅱ）　日本林業調査会

Matsuki, Y., Tateno, R., Shibata, M. and Isagi, Y. 2008. Pollination efficiencies of flower-visiting insects as determined by direct genetic analysis of pollen origin. *Am J Bot* 95: 925-930

正木隆編　二〇〇八　森の芽生えの生態学　文一総合出版

Miyaki, M. 1987. Seed dispersal of the Korean pine, Pinus koraiensis, by the red squirrel, *Sciurus vulgaris. Ecol Res* 2: 147-157

Miyaki, M. and Kikuzawa, K. 1988. Dispersal of Quercus mongolica acorns in a broadleaved deciduous forest. 2: Scatterhoarding by mice. *For Ecol Manage* 25: 9-16

水井憲雄　一九九〇　種子の供給からみたカンバ類の更新機会　光珠内季報　七八：五―八

水井憲雄　一九九三　落葉広葉樹の種子繁殖に関する生態学的研究　北海道林業試験場研究報告　三〇：一―六七

Nagamatsu, D., Seiwa, K. and Sakai, A. 2002. Seedling establishment of deciduous trees in a various topographic positions. *J Veg Sci* 13: 35-44

中村太士・小池孝良編　二〇〇五　森林の科学――森林生態系科学入門　朝倉書店

日本樹木誌編集委員会編　二〇〇九　日本樹木誌（Ⅰ）　日本林業調査会

佐藤元紀・清和研二・陶山佳久・加納研一　二〇〇二　下層植生の違いが野ネズミのクリ種子散布に与える影響　川渡農場報告　一八：四九―五八
清和研二　一九八八　広葉樹果実における資源配分と散布・定着との関係　日本林学会北海道支部論文集　三六：七五―七七
Seiwa, K. and Kikuzawa, K. 1991. Phenology of tree seedlings in relation to seed size. *Can J Bot* 69: 532-538
Seiwa, K. and Kikuzawa, K. 1996. Importance of seed size for establishment of seedlings of five deciduous broad-leaved tree species. *Vegetatio* 123: 51-64
Seiwa, K. 1997. Variable regeneration behavior of *Ulmus davidiana* var. *japonica* in response to disturbance regime for risk spreading. *Seed Sci Res* 7: 195-207
Seiwa, K. 1998. Advantages of early germination for growth and survival of seedlings of *Acer mono* under different overstorey phenologies in deciduous broad-leaved forests. *J Ecol* 86: 219-228
Seiwa, K. 1999a. Changes in leaf phenology are dependent on tree height in *Acer mono*, a deciduous broad-leaved tree. *Ann Bot* 83: 355-361
Seiwa, K. 1999b. Ontogenetic changes in leaf phenology of *Ulmus davidiana* var. *japonica*, a deciduous broad-leaved tree. *Tree Physiol* 19, 793-797
Seiwa, K. 2000. Effects of seed size and emergence time on tree seedling establishment: importance of developmental constraints. *Oecologia* 123: 208-215
Seiwa, K., Watanabe, A., Saitoh, T., Kanno, H. and Akasaka, S. 2002. Effects of burying depth and seed size on seedling establishment of Japanese chestnuts, *Castanea crenata*. *For Ecol Manage* 164: 149-156
Seiwa, K., Watanabe, A., Irie, K., Kanno, H., Saitoh, T. and Akasaka, S. 2002. Impact of site-induced mouse caching and transport behaviour on regeneration in *Castanea crenata*. *J Veg Sci* 13: 517-526

Seiwa, K., Kikuzawa, K., Kadowaki, T., Akasaka, S. and Ueno, N. 2006. Shoot life span in relation to successional status in deciduous broad leaved tree species in a temperate forest. *New Phytol* 169: 537-548

Seiwa, K. 2007. Trade-offs between seedling growth and survival in deciduous broad leaved trees in a temperate forest. *Ann Bot* 99: 537-544

Seiwa, K., Miwa, Y., Sahashi, N., Kanno, H., Tomita, M., Ueno, N. and Ymazaki, M. 2008. Pathogen attack and spatial patterns of juvenile mortality and growth in a temperate tree, *Prunus grayana. Can J For Res* 38: 2445-2454

Seiwa, K., Tozawa, M., Ueno, N., Kimura, M., Yamazaki, M., Maruyama, K. 2008. Roles of cottony hairs in directed seed dispersal in riparian willows. *Plant Ecol* 198: 27-35

Seiwa, K., Ando, M., Imaji, A., Tomita, M. and Kanou, K. 2009. Spatio-temporal variation of environmental signals inducing seed germination in temperate conifer plantation and natural hardwood forests in northern Japan. *For Ecol Manage* 257: 361-369

Seiwa, K. 2010. Is the Janzen-Connell hypothesis valid in temperate forests? *J Integr Field Sci* 7: 3-8

Seiwa, K. and Kikuzawa, K. 2011. Close relationship between leaf life span and seedling relative growth rate in temperate hardwood species. *Ecol Res* 26: 173-180

Seiwa, K., Eto, Y., Hishita, M. and Masaka, K. 2012. Effects of thinning intensity on species diversity and timber production in a conifer (*Cryptomeria japonica*) plantation in Japan. *J For Res* 17: 468-478

Seiwa, K., Etoh, Y., Hisita, M., Masaka, K., Imaji, A., Ueno, N., Hasegawa, Y., Konno, M., Kanno, H. and Kimura, M. 2012. Roles of thinning intensity in hardwood recruitment and diversity in a conifer, Cryptomeria japonica plantation: A five-year demographic study. *For Ecol Manage* 269: 177-187

Seiwa, K., Miwa, Y., Akasaka, S., Kanno, H., Tomita, M., Saitoh, T., Ueno, N., Kimura, M., Hasegawa, Y., Konno, M. and Masaka,

K. 2013. Landslide-facilitated species diversity in a beech-dominant forest. *Ecol Res* 28: 29-41

清和研二　二〇一三　スギ人工林における種多様性回復の階梯――境界効果と間伐効果の組み合わせから効果的な施業方法を考える　日本生態学会誌　六三：二五一―二六〇

清和研二　二〇一三　多種共存の森――一〇〇〇年続く森と林業の恵み　築地書館

種生物学会編　吉岡俊人・清和研二責任編集　二〇〇九　発芽生物学――種子発芽の生理・生態・分子機構　文一総合出版

寺原幹生・山崎実希・加納研一・陶山佳久・清和研二　二〇〇四　冷温帯落葉広葉樹林における地形と樹木種の分布パターンとの関係　複合生態フィールド教育研究センター報告　二〇：二一―二六

Tozawa, M., Ueno, N. and Seiwa, K. 2009. Compensatory mechanisms for reproductive costs in the dioecious tree *Salix integra*. *Botany* 87: 315-323

Utsugi, E., Kanno, H., Ueno, N., Tomita, M., Saitoh, T., Kimura, M., Kanou, K. and Seiwa, K. 2006. Hardwood recruitment into conifer plantations in Japan: effects of thinning and distance from neighboring hardwood forests. *For Ecol Manage* 237: 15-28

渡辺あかね・清和研二・赤坂臣智　一九九六　異なる光・土壌養分条件下でのクリ・ミズナラの実生の成長に及ぼす種子サイズの影響　川渡農場報告　一二：三一―四一

Xia, Q., Ando, M., Seiwa, K.（印刷中）Interaction of seed size with light quality and temperature required on germination ares into pioneer tree species. *Funct Ecol*

八木貴信　（印刷中）　ウワミズザクラ　日本樹木誌（Ⅱ）　日本林業調査会

Yamazaki, M., Iwamoto, S. and Seiwa, K. 2009. Distance- and density-dependent seedling mortality caused by several diseases in eight tree species co-occurring in a temperate forest. *Plant Ecol* 201: 181-196

へし折られた枝　185
ヘテロダイコガミー　62, 66, 120
変温　101, 213, 214, 215
——応答性　214
萌芽　137, 139, 146, 197, 201, 222
——枝　199
放棄水田　42
防御物質　194, 243
豊作年　187
放射性物質　198
苞葉　48
ホオノキ　132, 174, 212, 238
穂状花序　128
捕食者　134
北海道富良野の東京大学演習林　35, 37
本葉　55

【マ行】

枕木　232
マルハナバチ　220, 235, 236
実生の成長パターン　156
ミズキ　165, 173, 252
——輪紋葉枯病　176, 177
ミズナラ　11, 132, 177, 184, 210, 238, 243
水の流れ　69
水辺林　15, 18, 22, 72
蜜の生産量　235
ミツバチ　220, 235
身を隠す場所　240
無垢材　198
無垢の家具　72
メス　47
——の一年生枝　48
芽生え　34, 110, 132, 133, 157, 170, 199, 201
——の成長　89, 102, 194
——の定着率　246
雌花　45, 82
木材生産の効率化　15
モモンガ　248
森の時間　77

【ヤ行】

葯　120
野生のクリ　245, 246
ヤチダモ　16
ヤナギ　252
山火事　76
——跡地　79
ヤマネ　248
ヤマモミジ　160, 210
雄性先熟タイプ　60, 63, 66, 118, 120
優美な樹冠　25
幼根　55, 191, 192, 194
葉痕　58
葉層　139
平べったい——　137
羊蹄山　79
葉柄　158, 176
葉脈　170
葉緑体　103
翼果　29

【ラ行】

落枝痕　140
リス　248
両性花　27
老熟
——して安定した森林　18
——林　108, 125, 183, 203
老木　11, 125, 127, 150

【ワ行】

綿毛　48, 50, 51, 53

長枝　91
頂生側芽　199
貯蔵養分　193
ツキノワグマ　11, 185, 228
翼　83, 84, 98
梅雨　173
ツルアジサイ　222, 224
ツル伐り　224
諦観　148
定着しやすい「適地」　55
天敵　134
天然林　15
　——の略奪　15
透過光　40
投資配分　123
同種から他種への置き換わり　171
当別　78
トチノキ　11, 95, 132, 150, 193, 210, 238
トチ蜜　164
栃餅　164
鳥　130
トレードオフ　244
ドングリ　11, 184

【ナ行】

内果皮　68, 130, 169
西興部　78
二次伸び　201, 202
『日本森林植生図譜』　35
ニホンリス　66
熱帯林　132
根の炭水化物　243
濃厚な色彩　221

【ハ行】

胚　189
パイオニア種　18, 77
ハエ　235
歯形　185
発芽　33, 38, 54, 87, 99, 111, 212
　——時期　39, 55
　——のタイミング　194
　——の早さ　70
ハナアブ　235
ハナバチ　235
ハナムグリ　220, 235
母熊　13
ハビタット　18, 35, 39, 196, 244
葉面積　139
ハルニレ　11, 24, 160
パンケ新得川　28, 33, 37
繁殖
　——開始年齢　86
　——生態　18
　——年齢　118
氾濫　76
尾状花序　44
羊の顔　58
非同化部分　179
ヒノキ　15, 232
ヒメネズミ　188, 239
病原菌　134, 171
ヒヨドリ　131, 169
昼寝　24
フィトクローム　39, 87
風媒の単性花　81
フェノール　194, 243
フクロウ　240, 248
父性解析　64
付着根　224
ブナ　11, 95, 132, 203, 210, 239
冬芽　31, 199
　大きな——　158, 160, 162
浮力　50
分散貯蔵　190

春葉　91, 92
子葉　55, 89, 133
省エネ耐陰生活　140
正月飾り　165
掌状複葉　154, 158
食痕　68
食葉性昆虫　30
シラカンバ　55, 78, 99, 101, 156, 214, 241, 244
　——林　80
人工林　15
薪炭林　198
巣穴　239, 248
巣穴貯蔵　190
水生昆虫　104
水路　73
スギ　15, 232
　——人工林　180
炭焼き　197
生育場所　18
生活史　18, 83, 183
生活場所　18
生態系機能　17
成長　72
　——錐　95, 162, 228
　——速度　244
　——と生存のトレードオフ　243
　——様式　55, 196
赤色光　40
世代交代の速度　175
接種　174
遷移後期種　18, 109, 113, 160, 183, 193, 203
遷移初期種　18, 50, 77, 95, 99, 183, 241, 244
装飾花　226
相利共生　178

【タ行】

耐陰性　245
袋果　220
大種子　194
大土石流　76
台風　76, 210
大輪の花　216, 219
他家花粉　235
ダケカンバ　83, 84, 241
他家受粉　83, 118, 233
多種共存の森　15, 17, 235
他殖種子　237
田代川　33
立ち枯れ病　134, 171, 173
　——菌　135
脱落痕　141
舘脇操　35
タヌキ　42
多胚種子　242
多犯性の病原菌　172
種の多様性　132, 138
タラノキ　180
短枝　93
単純林　83
　——化　16
簞笥　72
炭素収支　139, 146, 193, 241
タンニン　194, 238, 243
単木　35
小さい種子　246
稚樹　137
窒素　103, 143
　——の回収　142
茶花　97
中果皮　130
柱頭　235
頂芽　157, 199
長距離散布　52

――速度　48, 90
洪水　33
甲虫類　220, 235
鉱物質の土壌　124
紅葉　103
呼吸量　146
呼吸消費量　140
コケシ　165
個体重　112
コナラ　182, 198, 199, 238
コハウチワカエデ　210
独楽　165
コレトトリカム－アンスリサイ　172, 173
コンクリートの護岸　72
混交林　39
根粒菌　101, 102, 104

【サ行】

最多密度線　80
最適なタイミング　118
栽培グリ　244, 246
サトウカクツツトビケラ　105
里山　196, 198
サポニン　238
三次伸び　203
山村の風景　44
散布　54, 86
シイタケ原木　198
シイナ　30
自家花粉　220, 237
自家受粉　28, 218, 234
雌花序　85
自家不和合性　237
脂質　67
自殖種子　237
自殖率　220
地すべり　76, 95
雌性先熟　28
――タイプ　60, 63, 66, 118, 120, 216
自然攪乱　76
自然枯死線　80
自動撮影装置　188
シマリス　188
ジャンゼン－コンネル仮説　132, 134, 171
雌雄異株　44, 62
――性への進化　121
収穫の予測　81
重鋸歯　31
集散花序　167
シュート（当年生の枝）　48, 140, 141, 160
修復　95
収量－密度図　80
樹冠　38
平たい――　139
樹形　180
受光態勢　113, 154
種子　13, 40, 54, 86, 88
大きな――　162, 193
――サイズ　194
――散布　152, 191
――の大きさ　156, 214
――の重さ　69, 70, 196
――の出現　51
――の寿命　52
――の貯蔵養分　72
――の豊凶　32, 33
樹種の置き換わり　169
種多様性　180
種特異性　134, 171, 173, 174
樹齢　204
順次開葉型　70, 241, 242
純白の花　166

雄花　45, 82

【カ行】
開花
　——時期　82, 117, 233
　——のタイミング　60
外果皮　130
回収　103
外生菌根菌　178, 182, 242
開拓の目標　26
皆伐　15
　——跡地　94
開葉時期　118
香り　216
科学的な天然林施業　81
掻き起こし　78
攪乱地　94
　明るい——　228
　大きな——　18
果軸　152, 168
果実　65, 85
果序　85
カシワ　199
カスミザクラ　149
河川改修　15
河川生態系　106
可塑性　122
カツラ　251
果肉　130
河畔林　22, 28
株立ち　196
花粉　120
　——親　175
カミキリモドキ　235
カムイノミ（儀式）252
カモシカ　11, 42
夏葉　91, 92
カラス　67
カラマツ　16
カロチノイド　103, 143
川辺　57
乾燥　124, 192
間伐　80
キジ　42
ギャップ　19, 39, 108, 201, 202, 210, 212, 213, 240, 243, 244
　大きな明るい——　87
　——依存種　183
球果　98
吸水　53, 54, 55
休眠　34, 38, 52, 87, 199, 212
　——芽　201
強度の間伐　180
局所適応　172
極相種　19, 109, 183, 203, 206
巨大な種子　152
巨木　14, 24, 38, 41, 108, 150, 161, 164, 204, 232, 248
　——の森　11, 227
菌株　174
菌根　178
菌糸　178
金属探知機　239
菌体　176
クヌギ　198
熊　184
熊棚　228, 230
クリ　11, 196, 227
クロモジ　11
渓畔林　22
ケヤマハンノキ　55, 94, 142, 156, 214, 244
堅果　65, 185, 228
　——の落下時期　240
原子力発電所　198
光合成　110

索引

【ア行】
アーバスキュラー菌根菌　178, 182
アイヌ
　——神話　25
　——の神謡　251
アオダモ　132, 172
アカイタヤ　120
アカゲラ　13
アカシデ　95
アカネズミ　66, 152, 188, 239
アカマツ　16
暴れ木　204
甘い芳香　220
アントシアニン　103, 143
維管束の痕　58
戦沢　47
石狩川　33, 37
イタヤカエデ　110, 160, 165, 244
一斉開葉　114, 160, 202
　——型　113, 141, 194
一斉伸長　193
一斉林　18, 33, 35, 79, 80, 94
一桧山　179, 204, 248
　——の天然林　241
　——保護林　35, 227
遺伝的組成　175
イナウ（御幣）　252
イヌコリヤナギ　42
イノシシ　13, 44
陰樹　109
牛小屋　247
ウダイカンバ　83, 84
ウリハダカエデ　180
ウロ（樹洞）　248
ウワミズザクラ　128, 172, 177
　——の角斑病　136
エゾアカネズミ　188, 189, 190
エゾニワトコ　180
エゾノミゾウムシ　30
エゾヒメネズミ　188
エゾヤチネズミ　188, 189, 190
エゾリス　67, 68
円錐状花序　163
遠赤色光　40
　——に対する赤色光の比率　40, 87, 99, 214
オオアカゲラ　11
大きい種子　246
オーキシン　199
大きな
　——集団　83
　——葉　162
大雪崩　76
オオモンキリガ　30, 32
オオヤマザクラ　149, 160
オス　47
遅霜　59
落ち葉　87, 99, 104, 124
オニグルミ　56, 196
鬼首　59
尾根　227
オノエヤナギ　42

著者紹介：清和研二（せいわ・けんじ）

1954年山形県櫛引村（現 鶴岡市黒川）生まれ。月山山麓の川と田んぼで遊ぶ。北海道大学農学部卒業。

北海道林業試験場で広葉樹の芽生えたばかりの姿に感動して以来、樹の花の咲き方や種子散布の精妙な仕組みに驚きながら観察を続けている。近年は天然林の多種共存の不思議に魅せられ、戦後開拓の放棄田跡に天然林を模して木々を植えながら暮らしている。趣味は焚き火、野生の食物の採取と栽培。

現在、東北大学大学院農学研究科教授。

著書に『多種共存の森』（築地書館）、編著・共著に『発芽生物学』『森の芽生えの生態学』（文一総合出版）、『樹木生理生態学』『森林の科学』（以上、朝倉書店）、『日本樹木誌』（日本林業調査会）などがある。

樹は語る——芽生え・熊棚・空飛ぶ果実

2015年 7 月 1 日　初版発行
2017年 6 月23日　3 刷発行

著者　清和研二
発行者　土井二郎
発行所　築地書館株式会社
東京都中央区築地 7-4-4-201　〒104-0045
TEL 03-3542-3731　FAX 03-3541-5799
http://www.tsukiji-shokan.co.jp/
振替 00110-5-19057
印刷・製本　中央精版印刷株式会社
デザイン　吉野愛
 ISBN978-4-8067-1496-5 C0045